高等院校实验系列规划教材

数字电路实验与实践

主编　陈　勇　徐　伟　艾伟清

北京交通大学出版社

·北京·

内 容 简 介

本书以 DICE－KM5 型数/模电实验箱和 Basys 3 开源可编程数字开发板为硬件平台，沿着“基础知识—基础实验—综合设计实验—可编程设计实验”的思路，由浅入深、先易后难、先简单后综合地讲述了数字电路实验技术。本书注重实验技术的传承，既保留传统依托数电实验箱的基础实验，又增添开放性自主选题的综合实验，还引入基于新一代开源可编程数字平台的提高性实验项目。本书编撰从培养应用型工程技术人才出发，重视理论与实践的结合，可作为普通高等院校电子信息类、自动化类、电气信息类专业的电子技术实验实训课程教材，也可供从事电子电路技术的有关工程技术人员参考。

图书在版编目（CIP）数据

数字电路实验与实践 / 陈勇，徐伟，艾伟清主编. —北京：北京交通大学出版社，2021. 1

ISBN 978－7－5121－4353－1

Ⅰ. ①数…　Ⅱ. ①陈…　②徐…　③艾…　Ⅲ. ①数字电路－高等学校－教材　Ⅳ. ①TN79

中国版本图书馆 CIP 数据核字（2020）第 218106 号

数字电路实验与实践

SHUZI DIANLU SHIYAN YU SHIJIAN

责任编辑：严慧明

出版发行：北京交通大学出版社　　电话：010－51686414　　http：//www. bjtup. com. cn

地　　址：北京市海淀区高梁桥斜街 44 号　　邮编：100044

印 刷 者：北京鑫海金澳胶印有限公司

经　　销：全国新华书店

开　　本：185 mm×260 mm　　印张：10. 5　　字数：263 千字

版 印 次：2021 年 1 月第 1 版　　2021 年 1 月第 1 次印刷

定　　价：36. 00 元

本书如有质量问题，请向北京交通大学出版社质监组反映。对您的意见和批评，我们表示欢迎和感谢。

投诉电话：010－51686043，51686008；传真：010－62225406；E-mail：press@ bjtu. edu. cn。

前　　言

《数字电路实验与实践》是一门重要的学科基础实验课程，是与数字电子技术理论课程相结合的一门课程。随着半导体工艺和处理器技术的飞速发展，以及开放自主实验教学模式的改革，传统的拘泥于实验室里的数字逻辑实验箱而开展的实验课程面临巨大挑战。目前，很多国内高校对数字电路实验课程的软硬件资源和教学方法都进行了有效的改革，如开放式自主选题的数电实验教改，数电实验软硬件的开放教学平台搭建，计算机技术构建数字电路实验教学虚拟仿真平台等，极大地促进了学生自主能力、实践能力和创新能力的培养。

作为应用型本科大学的学生，既要具备搭建电路、现场调试、故障排除等基本动手操作能力，又要培养方案设计、仿真模拟、优化改进等自主创新能力，真正成为能够解决复杂工程问题的应用型工程技术人才，本书就是为了培养这类学生而编写的。因此，本书既保留传统依托数电实验箱的基础性实验项目，又增添开放性自主选题的综合性实验项目，还引入基于新一代开源可编程数字平台的提高性实验项目。其中，基础性实验主要针对数字电子技术中的基础知识、基本电路、基本元器件等形成基本训练验证性项目，一方面巩固和加深相关重要的基础理论，另一方面，帮助学生认识现象，掌握基本实验知识、基本方法和基本操作技能，为理论论证和实验技能的培养奠定基础。综合性实验项目属于应用性实验，实验内容以基础性实验项目为基本单元，构建具有一定简单功能的电路，侧重于对相关理论知识和基础性实验项目的综合应用，其目的是培养学生综合运用所学理论知识和解决较复杂的实际问题的能力。提高性实验项目对于学生来说既有综合性又有探索性，它主要侧重于某些理论知识的灵活运用和复杂工程问题的应用，例如多功能数字电子钟的设计、仿真、安装和调试等，它要求学生通过分组分工进行资料查阅、方案设计和组织实验等工作，写出设计方案和实验报告，该项目可提高学生的创新能力和科学实验能力。培养学生独立自主学习、正确分析问题和解决问题的能力，也为培养能够解决复杂工程问题的应用型工程技术人才打下重要基础。

编写分工：本书第 1 章由陈勇、徐伟编写；第 2 章由陈勇编写；第 3 章由徐伟、艾伟清、陈勇共同编写；第 4 章由艾伟清编写。陈勇对全书进行了统稿。本书的撰写得到了索与电子科技（上海）有限公司赵波经理、深圳市鼎阳科技股份有限公司王铁平经理、南京爱思电子有限公司王永江经理的大力支持和帮助，他们为本书的编写提供了大量的资料和硬件平台，向各位致以衷心的谢意！

由于编者水平有限，书中难免有不妥之处，恳请广大技术专家和读者批评指正。联系邮箱：cheny_2735033@163.com。

目　　录

第 1 章　数字电路实验基础 …… 1
1.1　数字集成电路和 PLD 的基本知识 …… 1
1.1.1　数字集成电路简介 …… 1
1.1.2　PLD 简介 …… 3
1.2　数字电路实验方法 …… 5
1.2.1　实验预习 …… 6
1.2.2　实验安全操作规范 …… 6
1.2.3　实验故障类型及其排除方法 …… 7
1.2.4　实验记录和报告 …… 8
1.3　主要仪器及使用方法 …… 9
1.3.1　SDG2042X 系列函数/任意波形发生器 …… 9
1.3.2　SDM3055X－E 数字多用表 …… 16
1.3.3　SDS1000X－E 数字示波器 …… 18
1.4　数字电路实验箱 …… 21
1.5　开源可编程数字平台——Basys 3 简介 …… 25
1.5.1　Basys 3 板卡 …… 26
1.5.2　电源电路 …… 27
1.5.3　FPGA 配置电路 …… 28
1.5.4　存储器 …… 29
1.5.5　晶振/时钟 …… 29
1.5.6　USB－UART 桥接（串口） …… 29
1.5.7　基本 I/O 口 …… 29
1.6　Multisim 12.0 概述 …… 31
1.6.1　Multisim 发展历程 …… 31
1.6.2　Multisim 12 的基本界面 …… 33
1.6.3　Multisim 12 的元件库 …… 36
1.6.4　Multisim 12 的虚拟仪器库 …… 37
1.6.5　Multisim 12 的使用方法与实例 …… 37
第 2 章　基础实验 …… 45
实验 1　门电路逻辑功能及测试 …… 45

实验 2　译码器和数据选择器功能测试 …… 50
实验 3　加法运算电路功能测试 …… 53
实验 4　触发器功能测试 …… 57
实验 5　计数器电路测试及研究 …… 59
实验 6　波形产生及单稳态触发器测试 …… 61
实验 7　555 时基电路功能测试 …… 63
实验 8　竞争冒险现象研究 …… 67
实验 9　寄存器及其应用 …… 69
实验 10　同步时序电路应用 …… 72
第 3 章　综合设计实验 …… 74
实验 1　简易彩灯控制器设计 …… 74
实验 2　数字电子钟设计 …… 78
实验 3　智力竞赛抢答器设计 …… 82
实验 4　汽车尾灯控制器 …… 86
实验 5　电子拔河游戏机设计 …… 91
实验 6　电子秒表设计 …… 96
实验 7　交通灯控制器设计 …… 102
实验 8　四位乘法器设计 …… 106
实验 9　巡回检测报警器设计 …… 110
第 4 章　可编程设计实验 …… 115
实验 1　门电路 Verilog HDL 设计 …… 115
实验 2　编码器设计 …… 130
实验 3　七段译码器设计 …… 133
实验 4　8 位补码串行加法器设计 …… 138
实验 5　16 位环形移位寄存器设计 …… 141
实验 6　计数器与数码管显示 …… 145
实验 7　状态机实验－序列信号检测 …… 150
实验 8　数字钟设计 …… 155
参考文献 …… 159

第 1 章　数字电路实验基础

1.1　数字集成电路和 PLD 的基本知识

随着数字集成电路的应用日益广泛，数字电路产品的种类越来越多，其分类方法大致有如下 3 种：

（1）若按用途来分，可分成通用型的集成电路（中小规模集成电路）产品、微处理（MPU）产品和特定用途的集成电路产品 3 大类。其中可编程逻辑器件（PLD）就是特定用途的集成电路产品的一个重要分支。

（2）按逻辑功能来分，可以分成组合逻辑电路，如门电路、编译码器、数据选择器等；时序逻辑电路，如触发器、计数器、寄存器等。

（3）按电路结构来分，可主要分成 TTL 型和 CMOS 型。

1.1.1　数字集成电路简介

TTL 型和 CMOS 型数字集成电路分别为双极型和单极型电路，它们有其各自的特点和工作条件，选用时应根据需求而定。常用的 TTL54/74 数字电路系列，它们的电源电压都是5.0 V，逻辑“0”输出电压为 0.2 V，逻辑“1”输出电压为 3.0 V，而抗扰度为 1.0 V。CMOS 型数字集成电路与 TTL 型数字电路相比，前者的工作电源电压范围宽，静态功耗低、抗干扰能力强、输入阻抗高。CMOS 型数字集成电路的工作电压范围为 3 ~ 18 V（也有 7 ~ 15 V 的，如国产的 C000 系列），输入端均有由保护二极管和串联电阻构成的保护电路，输出电流（指内部各独立功能的输出端）一般是 10 mA，所以在实际应用时输出端需要加上驱动电路，但输出端若连接的是 CMOS 型数字集成电路，则因 CMOS 型数字集成电路的输入阻抗高，在低频工作时，一个输出端可以带动 50 个以上的接入端。CMOS 型数字集成电路的抗干扰能力是指电路在干扰噪声的作用下，能维持电路原来的逻辑状态并正确进行状态转换的能力。电路的抗干扰能力通常以噪声容限来表示，即直流电压噪声容限、交流噪声容限和能量噪声容限 3 种。直流噪声容限可达电源电压的 40% 以上，所以使用的电源电压越高，电路的抗干扰能力越强。这是工业中使用 CMOS 型数字集成电路时，都采用较高的供电电压的原因。TTL 型数字集成电路相应的噪声容限只有 0.8 V（因 TTL 型数字集成电路的工作电压为 5 V）。数字集成电路的产品型号的前缀为公司代号，如 MC、CD、UPD、HFE 分别代表摩托罗拉半导体（MOTA）、美国无线电（RCA）、日本电气（NEC）、菲力浦等公司。各产品的中间数字相同的型号均可互换。一般习惯通称为：74LSXX、74HCXX、54XX、40XX、45XX。如果电路对元件要求比较严格，就要对厂家提供的资料进行分析再作决定。

1. TTL 型数字集成电路使用时应注意的问题

1）正确选择电源电压

TTL 型数字集成电路的电源电压允许变化范围比较窄，一般为4.5～5.5 V。在使用时更不能将电源与地颠倒接错，否则将会因为过大电流而造成器件损坏。

2）对输入端的处理

TTL 型数字集成电路的各个输入端不能直接与高于＋5.5 V 和低于－0.5 V 的低内阻电源连接。对于多余的输入端，最好不要悬空。虽然悬空相当于高电平，并不影响与门和与非门的逻辑关系，但悬空容易接受干扰，有时会造成电路的误动作。因此，多余输入端要根据实际需要作适当处理。例如“与门、与非门”的多余输入端可直接接到电源 VCC 上，也可将不同的输入端共用一个电阻连接到 VCC 上，或将多余的输入端并联使用。对于“或门、或非门”的多余输入端应接地。对于触发器等中规模集成电路来说，不使用的输入端不能悬空，应根据逻辑功能接入适当电平。

3）对输出端的处理

TTL 型数字集成电路中除三态门、集电极开路门外，其输出端不允许并联使用。如果将几个集电极开路门电路的输出端并联，实现线与逻辑功能时，应在输出端与电源之间接入一个已知电阻值的上拉电阻。集成门电路的输出更不允许与电源或地短路，否则可能造成器件损坏。

2. CMOS 型数字集成电路使用时应注意的问题

1）正确选择电源电压

由于 CMOS 型数字集成电路的工作电源的电压范围比较宽，选择电源电压时，首先考虑要避免超过极限电源电压，其次要注意电源电压的高低将影响电路的工作频率。降低电源电压会引起电路工作频率下降或增加传输延迟时间。例如 CMOS 触发器，当 V_{CC} 由＋15 V 下降到＋3 V 时，其最高频率将从 10 MHz 下降到几十 kHz。

2）防止 CMOS 型数字集成电路出现可控硅效应

当 CMOS 型数字集成电路输入端施加的电压过高（大于电源电压）或过低（小于 0 V），或者电源电压突然变化时，电源电流可能会迅速增大，导致器件烧坏，这种现象称为可控硅效应。预防可控硅效应的措施主要有：输入端信号幅度不能大于 V_{CC} 和小于 0 V；要消除电源上的干扰；在条件允许的情况下，尽可能降低电源电压。如果电路工作频率比较低，用＋5 V 电源供电最好。

3）对输入端的处理

在使用 CMOS 型数字集成电路器件时，对输入端一般有如下要求：应保证输入信号幅值不超过 CMOS 型数字集成电路的电源电压；输入脉冲信号的上升和下降时间一般应小于几毫秒，否则会导致电路工作不稳定或损坏器件；所有不用的输入端不能悬空，应根据实际要求接入适当的电压（V_{CC} 或 0 V）。

4）对输出端的处理

CMOS 型数字集成电路的输出端不能直接连到一起，否则将造成电源短路；在 CMOS

逻辑系统设计中，应尽量减少电容负载；CMOS 型数字集成电路在特定条件下可以并联使用；CMOS 型数字集成电路驱动其他负载时，一般要外加一级驱动器接口电路。

3. 集成电路芯片引脚排列和标识信息

（1）引脚。

每个集成电路芯片都有对应的引脚分布图，标明引脚个数、编号和功能。如图 1.1 中的数字 1，2，…，13，14 就是编号。

（2）标识信息。

印有厂家名称、出厂日期、芯片序列和编号等信息。图 1.1 中的“SN74LS192N”就是标识信息，它说明该芯片是美国得克萨斯公司 2016 年生产的产品，功能为双时钟方式的十进制可逆计数器，封装形式为塑料双列直插。

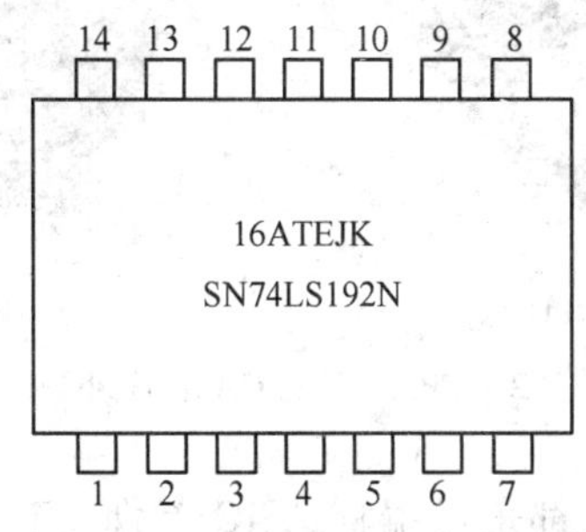

图 1.1　集成电路芯片标识

（3）安装方向标记。

安装方向标记一般有两种：直插芯片以半圆缺口为标记，贴片芯片以小圆点为标记。有时两种标记均有。将标记的小圆点或缺口正面朝左，其下方最左侧的引脚为第 1 引脚，引脚序号沿逆时针方向依次递增。

1.1.2　PLD 简介

在社会半导体技术发展的推动下，PLD 迎来了前所未有的发展机遇，并实现了较大的突破。它具有良好的在线修改能力，即可随时修改设计而不必改动其硬件电路。如今，它已成为电子设计领域中最具发展前途的器件。最早的 PLD 是于 20 世纪 70 年代制成的，它由固定的与阵列和可编程的或阵列组成。它因采用熔丝技术，只能写一次，不能擦除和重写，因此取名可编程只读存储器（PROM）。随后，相继出现了可编程逻辑阵列（PLA）器件、可编程阵列逻辑（GAL）器件、可擦除可编程逻辑器件（EPLD）。随着微电子技术的高速发展，PLD 出现了两种应用最为广泛的类型：现场可编程门阵列 FPGA（field programmable logic device）和复杂可编程逻辑器件 CPLD（complex programmable logic device）。其中，FPGA 是 Xilinx 公司于 1985 年首家推出的，是新一代面向用户的可编程逻辑器件，它的功能密度远远超过其他 PLD。其内部由许多独立的可编程逻辑模块组成，逻辑模块之间可以灵活地互相连接，既可实现逻辑函数，又可配置成 RAM 等复杂的形式。因此，一个 FPGA 芯片可以替代多个逻辑功能复杂的逻辑部件或一个小型数字系统，既解决了定制电路的不足，又克服了原有编程器件门电路数量有限的缺点，深受电子设计工程师的喜爱和欢迎。CPLD 是 20 世纪 90 年代初出现的，其结构是一种与阵列可编程、或阵列固定的与或阵列形式，一般包含 3 种结构：可编程逻辑宏单元、可编程 I/O 单元、可编程内部连线。CPLD 是一种比 PLD 复杂的逻辑元件，它是用户根据各自需要而自行构造逻辑功能的数字集成电路。与 FPGA 相比，CPLD 提供的逻辑资源相对较少，但是经典 CPLD 构架提供了非常好的组合逻辑实现能力和片内信号延时可预测性。图 1. 2 是 CPLD 与 FPGA 芯片外观图。

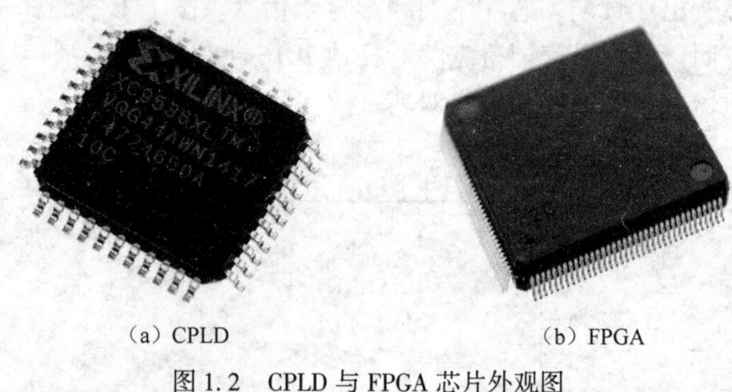

（a）CPLD　　（b）FPGA

图 1. 2　CPLD 与 FPGA 芯片外观图

此外，尽管 FPGA 和 CPLD 都是可编程 ASIC 器件，有很多共同特点，但由于 CPLD 和 FPGA 结构上的差异，它们也具有各自的特点。

（1）CPLD 更适合完成各种算法和组合逻辑，FPGA 更适合于完成时序逻辑。换句话说，FPGA 更适合于触发器丰富的结构，而 CPLD 更适合于触发器有限而乘积项丰富的结构。

（2）CPLD 的连续式布线结构决定了它的时序延迟是均匀的和可预测的，而 FPGA 的分段式布线结构决定了其延迟的不可预测性。

（3）在编程上，FPGA 比 CPLD 具有更大的灵活性。CPLD 通过修改具有固定内连电路的逻辑功能来编程，FPGA 主要通过改变内部连线的布线来编程；FPGA 是在逻辑门下编程，而 CPLD 是在逻辑块下编程。

（4）FPGA 的集成度比 CPLD 高，具有更复杂的布线结构和逻辑实现。

（5）使用起来 CPLD 比 FPGA 更方便。CPLD 的编程采用 E^2PROM 或 FASTFLASH 技术，无需外部存储器芯片，使用简单。而 FPGA 的编程信息需存放在外部存储器上，使用方法复杂。

（6）CPLD 的速度比 FPGA 快，并且具有较大的时间可预测性。这是由于 FPGA 是门级编程，并且可配置逻辑块之间采用分布式互联，而 CPLD 是逻辑块级编程，并且其逻辑块之间的互联是集总式的。

（7）在编程方式上，CPLD 主要是基于 E^2PROM 或 FLASH 存储器编程，编程次数可达 1 万次，优点是系统断电时编程信息也不丢失。CPLD 又可分为在编程器上编程和在系统编程两类。FPGA 大部分是基于 SRAM 编程，编程信息在系统断电时丢失，每次上电时，需从器件外部将编程数据重新写入 SRAM 中。其优点是可以编程任意次，可在工作中快速编程，从而实现板级和系统级的动态配置。

（8）CPLD 保密性好，FPGA 保密性差。

（9）一般情况下，CPLD 的功耗要比 FPGA 大，且集成度越高越明显。

现在的数字电路实验中，大量使用基本门电路（如 74LS04）、触发器（如 74LS74）、中规模集成电路（如 74LS138）等，每次实验课前需要准备好十几种甚至几十种集成电路芯片，且常用的 74 系列或 4000 系列中规模集成芯片采购困难，价格也高，这无疑给芯片的选购和管理带来了很大的工作量和难度。同时，一部分集成电路芯片只用了一两次就不再使用了，使得集成电路芯片大量闲置，经费开支增加，而另外一部分集成电路芯片因大量频繁使用，在数字电路实验箱上反复插拔，使得芯片容易损坏和老化，严重影响实验的正常开展。如果使用 PLD，在组合逻辑电路的相关实验中，不仅可以通过对 PLD 编程来实现各种门电路结构和功能，还可以通过编程实现几乎所有的中规模组合电路，如编码器、译码器、加法器等；在时序逻辑电路的相关实验中，可以选用一片 FPGA 实现各种时序电路，如触发器、寄存器、计数器等，还可以进行具有特定功能的数字逻辑系统的设计。由此可以看出，把 PLD 用于数字电路实验后，一方面，在准备实验时，只需要选用一种集成芯片即可，节省了时间和成本；另一方面，学生在完成不同的实验内容时，只需要针对一种芯片编写不同内容的程序即可，且芯片寿命大大增加，保证了实验的长时间正常开展。此外，学生利用 PLD 对课题进行方案设计、编程仿真、结果分析等，可以大大提高学生的编程设计能力，培养学生解决复杂工程问题的能力。

因此，随着电子技术的高速发展，今天的 CPLD 和 FPGA 在集成度、功能和性能（速度及可靠性）方面已经能够满足大多数场合的使用要求。用 CPLD、FPGA 等大规模可编程逻辑器件取代传统的标准集成电路、接口电路和专用集成电路已成为技术发展的必然趋势。

1.2　数字电路实验方法

数字电路实验主要包括基础实验和综合设计实验两类，它们的实验方法有所不同。

（1）基础实验的实验内容和相关电路基本上都是给定的，按照实验目的和要求，由实验内容来进行电路测试、故障排除和撰写实验报告等。具体实验方法如图 1.3 所示。

（2）综合设计实验则只给出实验的要求与任务，实验方案由学生自己设计，包括器件选型、电路设计及确定测试方法和预期结果等。实施这样的实验需要学生有充分的查阅资料能力、数字电路原理灵活运用能力和自主创新能力，具体实验方法如图 1.4 所示。

由图 1.3 和图 1.4 可知，基础实验和综合设计实验的实验方法中存在相同的部分，即都需要经过预习、操作和报告三个过程，但是综合设计实验更需要学生把时间花在实验方案设计、实验验证和对实验方案加以完善的过程上，它要求学生在预习时注重查阅资料、设计电路和器件选型，在测试时注重对数据的处理和分析，发现实验方案中存在的问题，遇到实际问题可进一步运用所学原理和通过查阅资料来解决，在实验结束后注重总结实验结论以验证所设计的实验方案的合理性。

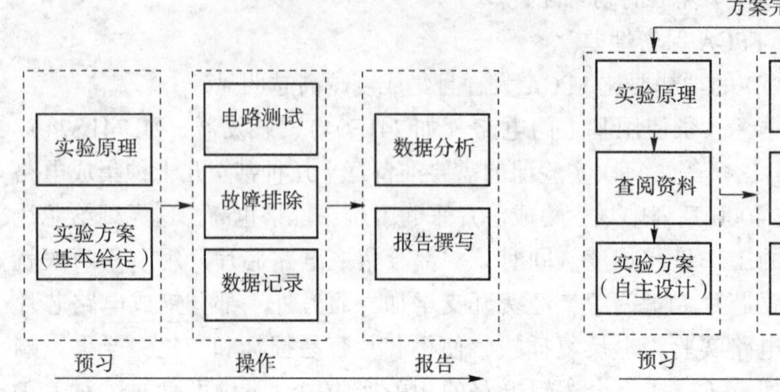

图 1.3　基础实验的实验方法

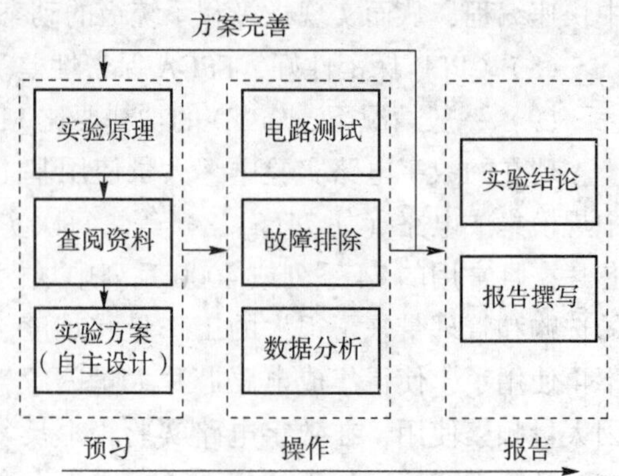

图 1.4　综合设计实验的实验方法

1.2.1　实验预习

实验预习是做好实验的重要环节。做好预习工作可以确保实验顺利完成并达到预期的结果，培养学生良好的学习习惯，不断提高实验素养。

对于基础实验而言，应在实验前掌握实验原理，读懂实验线路，并进行必要的理论估算；根据给定的实验方案明确实验目的、任务要求及注意事项，熟悉实验步骤及操作程序。对于综合设计实验而言，应根据实验任务和要求有针对性地查阅相关资料，运用所学原理设计对应电路，确定实验步骤、实验内容和预期结果等，形成初步方案。对于工程认证专业学生来说，学生设计的初步方案中应考虑和评价其对社会、环境、法律和文化的影响，以及应当承担的责任。

此外，预习时要了解和熟悉实验所用各仪器仪表的使用方法及注意事项，并准备好记录实验数据的相关表格。特别地，预习时注意整理一些自己暂时无法解答的必须通过实验操作才能解决的问题，带着问题去做实验，更有目的性和探索性。

1.2.2　实验安全操作规范

数字电路实验虽然一般属于弱电操作，但是实验过程中所用的实验箱、仪器设备等几乎都是由 220 V 交流电接入的，因此还是存在一定的安全隐患，学生实验时需要严格遵守实验安全操作规范。

(1) 使用仪器设备前要了解、熟悉其性能、操作方法和使用注意事项，按要求正确使用。不懂的地方应请教指导教师。

(2) 要正确地选择测量仪器的挡位和量程，并正确地进行连接。测量时，电压表要并联，电流表要串联。严禁用多用表的欧姆挡或电流挡（或用电流表）测量电压。

(3) 严禁在带电的情况下进行接线或改接线操作。严禁随意触摸仪器设备和插座的金属部分，以免发生触电事故。

(4) 实验时要根据线路图认真地进行接线，仔细检查且确定无误后才能接通电源。初次实验或没有把握的学生，应经指导教师审查同意后再接通电源。

（5）若实验时闻到焦味、看到冒烟、听到“嗡嗡嗡”或“噼啪”响声等，应立即切断电源，保护现场，及时报告指导教师，检查故障原因。排除故障后，经指导教师同意再继续实验。

（6）要爱护学校财产。使用仪器仪表要轻拿轻放，实验箱上的拨码开关、电位器、按钮等都应轻轻地使用，切勿用力过猛或短时间频繁操作。未经允许不得随意调换仪器，严禁私自拆卸仪器设备。

（7）实验完毕，应将电源关闭，整理好连接线和仪器设备，并请指导教师检查验收后方能离开。实验仪器设备等若有损坏，应立即报告指导教师，视具体情况按规定处理。

1.2.3　实验故障类型及其排除方法

数字电路实验过程中，难免会出现问题，学生应掌握故障类型及其排除方法，以保障实验顺利快速地完成。一般来说，产生故障的原因主要有：电路设计错误、器件使用不当或功能不正常、接线错误、实验箱或仪器不正常，导线接触不良、测试方法不正确等。

1）电路设计错误

电路设计错误直接带来的后果是得不到预想的实验结果，其原因是对实验的任务要求没有完全深入理解，或在设计电路和选用器件时把握不准确。因此，在预习的时候要首先深入理解实验要求和目的，查阅相关资料，运用合适的电路原理设计电路，通过仿真软件搭建电路，虚拟测试电路的输出结果，改进和优化电路设计方案。

2）器件使用不当或功能不正常

如果使用的是集成电路芯片，检查芯片是否放置正确，引脚有没有明显弯曲或脱离；对于芯片与插座接触不良，应用多用表的欧姆挡对芯片引脚和插座间电阻逐一检测；对于芯片功能失效故障，应对照功能真值表进行测试。如果使用的是 FPGA，其内部模块主要故障种类有以下 3 种。

（1）对于逻辑资源内部查找表结构，主要存在结构性故障，表现为电路中某个电平信号固定为逻辑高或逻辑低；对于逻辑资源内部的触发器和快速进位链逻辑，主要存在功能性故障，表现为触发器功能及进位功能失效。

（2）由于连线资源占据芯片面积的绝大部分，所以连线资源发生故障的概率明显高于其他部分。对于连线资源，存在故障如下。

①连线常开：连线资源中某根线开路；

②单结构性故障/多结构性故障：反映为连线上信号的不可控性；

③线桥接：两条线短接在一起，包括平行短接和交叉短接；

④开关常开：开关开路，本来可以编程连接的两条线不能连接；

⑤开关常闭：开关闭合，本来可以编程断开的两条线始终连接在一起。

（3）对于时钟管理模块和乘法器模块，主要存在功能性故障，表现为编程时模块上可能出现功能错误；对于嵌入式块 RAM，主要存在编程单元固定为逻辑值 0 或 1 的故障，表现出编程点的不可控性。

3）接线错误

在数字电路实验中，由于接线引起的故障大约占 70% 以上。常见的接线错误包括：

没有接芯片的电源和地，导线与插孔接触不良，连接导线本身内部断开，连线过长、过乱造成相互干扰，接线发生错接、漏接、多接等。尽量选择短的导线连接；布线顺序一般是先接地线和电源线（建议用不同颜色的线加以区分），再接输入线、输出线和控制线；接线要整齐规范，尽量走直线、短线，以免引起干扰；连接完要对照线路连接图和器件引脚号仔细复查，确保连线正确。

4）实验箱或仪器不正常，导线接触不良

实验前要检查实验箱和所用仪器是否正常，包括实验箱是否正常供电，相应芯片和插座是否正确放置，功能模块是否功能良好，仪器显示是否正常，如出现异常，应立即向指导教师反映。此外，实验前需要先检查导线的好坏，断线、接触不良的导线绝对不能使用。

5）测试方法不正确

如果前面所述故障未发生，实验一般会顺利进行，但如果测试方法不正确，也会严重影响测试。比如：用多用表测电位时，应将黑色表笔插在参考点；测电流时多用表挡位和表笔需要切换；交流与直流电压需要不同的挡位和量程；用示波器测量波形时需要水平与垂直调节适当等。只有选择正确的测试方法，正确地使用仪器仪表，才能正确地测量数据。

1.2.4 实验记录和报告

撰写实验报告是数字电路实验的一项基本要求，也是整个实验教学环节中极为重要的一部分，是培养学生科学实验的总结分析能力的一个重要手段，也是一项重要的基本功训练。它能很好地巩固实验成果，加深对基本理论的认识和理解，从而提高学生的创新性和积极性。

一般来说，一份质量较高的实验报告应包含实验目的、仪器设备、实验内容和电路图、线路连接图、实验数据和记录表格、实验数据处理和分析、故障排除情况说明、实验结论、实验收获与体会。具体要按照以下要求进行。

1. 基础实验报告的要求

（1）实验前预习报告中应写明实验任务和要求、实验所用仪器和器材、实验基本原理（应包括原理方框图、状态图或真值表、逻辑表达式、理论分析等）、实验内容及步骤（应包括基本电路图、引脚分布图、实际接线图、数据记录表、实验的步骤方法等）、实验中需要解决的问题等。

（2）实验过程报告内容应写明实验操作的测试条件、操作流程、遇到的问题、解决问题的方法、实验故障及其排除方法、数据记录（包括表格、波形图、输入/输出信号与现象）等。

（3）实验结束后整理报告时，应完善上述内容，并写明数据处理与分析、实验结果与结论、心得体会与总结。

2. 综合设计实验报告的要求

（1）实验前预习报告中应写明2～3种可选的设计方案，方案中应包括实验任务和要求、主要技术指标、设计推导过程（如真值表、卡诺图、逻辑表达式化简、电路图及其设计原理介绍等)、实验所用仪器和器材、单元电路的安装和调试步骤、整个测试系统的调试和测试步骤、设计方案中考虑的社会、环境、法律等非技术因素、实验的硬件选型和软件流程、实验记录表格、实验中需要解决和回答的问题、实验所需达到的目标和效益。

（2）实验过程报告内容应写明实验操作的测试条件、操作流程、实验故障及其排除方法、数据记录（包括表格、波形图、输入/输出信号与现象）等，特别是要记录原来的设计方案中哪些地方在实际测试中是不合理的，应该通过什么方法来对其加以改进，改进前后的测试数据对比等。

（3）实验结束后整理实验报告时应完善上述内容，特别是改进后的完整的实验方案，以及数据处理与分析、实验结果与结论、心得体会与总结。如果是工程认证专业的学生，还需评价所设计的实验方案对环境和社会可持续发展的影响。

1.3　主要仪器及使用方法

1.3.1　SDG2042X 系列函数/任意波形发生器

1. SDG2042X 系列函数/任意波形发生器简介

SDG2042X 系列函数/任意波形发生器，最大带宽 100 MHz，采样系统具备 1.2 GSa/s 采样率和 16 - bit 垂直分辨率的优异指标，在传统的 DDS 技术基础上，采用了创新的 TrueArb 和 EasyPulse 技术，克服了 DDS 技术在输出任意波和方波/脉冲时的先天缺陷，能够为用户提供高保真、低抖动的信号；具备调制、扫频、Burst、谐波发生、通道合并等处理复杂波形的能力，能够满足用户更广泛的需求。其性能特点和技术指标如下所述。

（1）双通道，最大输出频率 100 MHz，最大输出电压峰峰值 20 V，在 80 dB 的动态范围内提供高保真的信号。

（2）优异的采样系统指标：1.2 GSa/s 采样率和 16 - bit 垂直分辨率，最大限度地在时间和幅度上还原波形细节。

（3）创新的 TrueArb 技术，逐点输出任意波，在保证不丢失波形细节的前提下，能够以 1 μSa/s ~ 75 MSa/s 的可变采样率输出 $8 \sim 8 \times 10^6$ pts 范围内任意长度的低抖动波形。

（4）创新的 EasyPulse 技术，能够输出低抖动的方波/脉冲，同时脉冲波可以做到脉宽、上升/下降沿精细可调，具备极高的调节分辨率和调节范围。

（5）丰富的模拟和数字调制功能：AM、DSB - AM、FM、PM、FSK、ASK、PSK 和 PWM。

（6）扫频功能与 Burst 功能。

（7）谐波发生功能。

（8）通道合并功能。

（9）硬件频率计功能。

（10）可调 196 种任意波。

（11）丰富的通信接口：标配 USB Host，USB Device（USBTMC），LAN（VXI－11），选配 GPIB。

（12）4.3 英寸触摸屏，方便用户操作。

2. 面板功能说明

如图 1.5 所示，SDG2042X 系列函数/任意波形发生器的前面板简洁明晰，它包括：4.3 英寸触摸屏、菜单键、数字键盘、常用功能按键区、方向键、旋钮和通道输出控制区等。

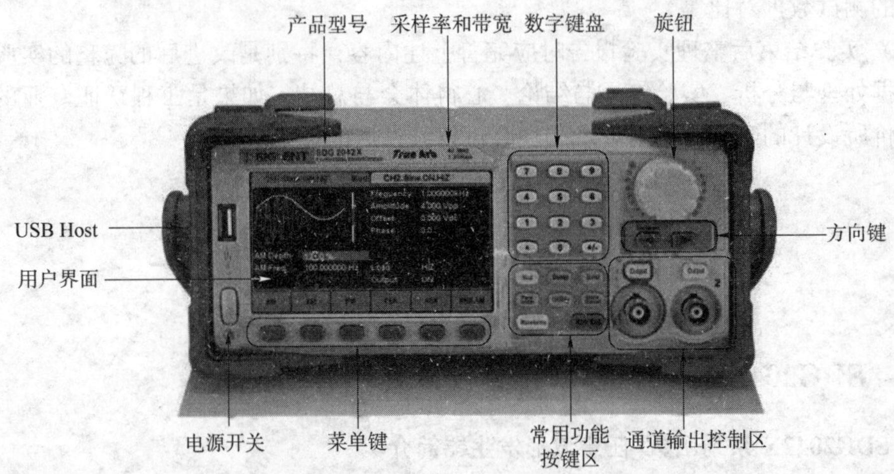

图 1.5　SDG2042X 系列函数/任意波形发生器的前面板

如图 1.6 所示，SDG2042X 系列函数/任意波形发生器的后面板为用户提供了丰富的接口，包括频率计接口、10 MHz 时钟输入/输出端、多功能输入/输出端、USB 设备接口、LAN 接口、电源插口和专用的接地端子等。

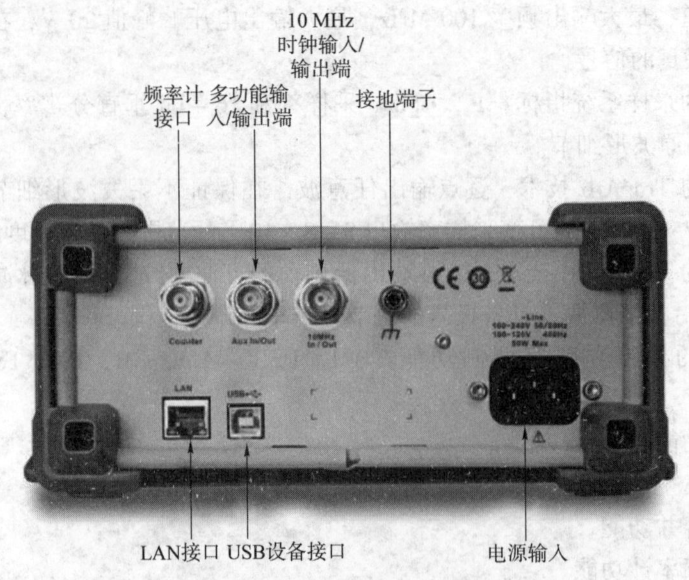

图 1.6　SDG2042X 系列函数/任意波形发生器的后面板

3. 触摸屏显示区

SDG2042X 系列函数/任意波形发生器的用户界面上只能显示一个通道的参数和波形。图 1.7 为 CH1 选择正弦波的 AM 调制时的界面。基于当前功能的不同，界面显示的内容会有所不同。

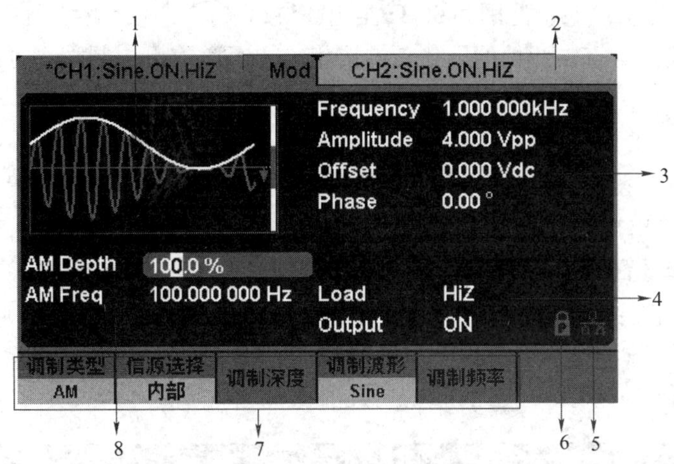

图 1.7　SDG2042X 系列函数/任意波形发生器触摸屏显示区

SDG2042X 系列函数/任意波形发生器整个屏幕都是触摸屏，用户可以使用手指或触控笔进行触控操作，大部分的显示和控制都可以通过触摸屏实现，效果等同于按键和旋钮。

触摸屏显示区域内各部分功能编号说明如下。

“1”——波形显示区。显示各通道当前选择的波形，点击此处的屏幕，Waveforms 按键灯将变亮。

“2”——通道输出配置状态栏。CH1 和 CH2 的状态显示区域，指示当前通道的选择状态和输出配置。点击此处的屏幕，可以切换至相应的通道。再次点击此处的屏幕，可以调出前面板功能键的快捷菜单：Mod、Sweep、Burst、Parameter、Utility、Store/Recall。

“3”——基本波形参数区。显示各通道当前波形的参数设置。点击所要设置的参数，可以选中相应的参数区使其高亮显示，然后通过数字键盘或旋钮改变该参数。

“4”——通道参数区。显示当前选择通道的负载设置和输出状态。

“5”——网络状态提示符。SDG2042X 系列函数/任意波形发生器会根据当前网络的连接状态给出不同的提示：

■表示网络连接正常；■表示没有网络连接或网络连接失败。

“6”——模式提示符。SDG2042X 系列函数/任意波形发生器会根据当前选择的模式给出不同的提示：

■表示当前选择的模式为相位锁定；■表示当前选择的模式为独立通道。

“7”——菜单。显示当前已选中功能对应的操作菜单。图 1.7 中显示的是“正弦波的 AM 调制”的菜单。在屏幕上点击菜单选项，可以选中相应的参数区，再设置所需要的参数。

"8"——调制参数区。显示当前通道调制功能的参数。点击此处的屏幕，或选择相应的菜单后，通过数字键盘或旋钮改变参数。

Load——负载。选中相应的参数使其高亮显示，然后通过菜单软键、数字键盘或旋钮改变该参数；长按相应的 Output 键 2 s 即可在高阻和 50 Ω 间切换。高阻显示为 HiZ，负载显示阻值（默认为 50 Ω，范围为 50 Ω 至 100 kΩ）。

Output——输出。点击此处的屏幕，或按相应的通道输出控制端，可以打开或关闭当前通道。

4. 系统功能简介

SDG2042X 系列函数/任意波形发生器的功能主要包括波形选择设置、调制/扫频/脉冲串设置、通道输出控制、数字输入控制等。

1）波形选择设置

Waveforms 操作界面下有一列波形选择按键，分别为正弦波（Sine）、方波（Square）、三角波（Ramp）、脉冲波（Pulse）、高斯白噪声（Noise）、直流信号（DC）和任意波（Arb），如图 1.8 所示。

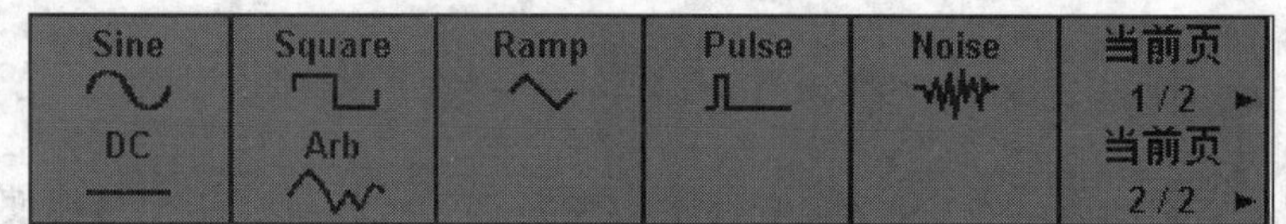

图 1.8　常用的 7 种波形

下面对其波形设置逐一进行介绍。

选择 Waveforms | Sine，通道输出配置状态栏显示"Sine"字样。SDG2042X 系列函数/任意波形发生器可输出带宽为 1 μHz 到 100 MHz 的正弦波。设置频率/周期、幅值/高电平、偏移量/低电平、相位，可以得到具有不同参数的正弦波。图 1.9 为正弦波的设置界面。

选择 Waveforms | Square，通道输出配置状态栏显示"Square"字样。SDG2042X 系列函数/任意波形发生器可输出带宽为 1 μHz 到 25 MHz 并具有可变占空比的方波。设置频率/周期、幅值/高电平、偏移量/低电平、相位、占空比，可以得到具有不同参数的方波。图 1.10 为方波的设置界面。

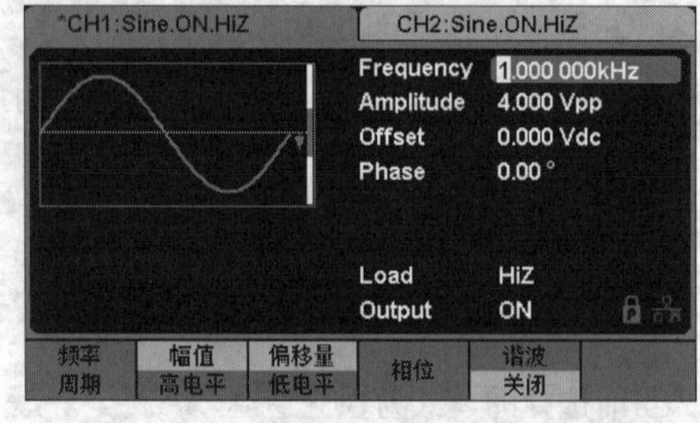

图 1.9　正弦波的设置界面

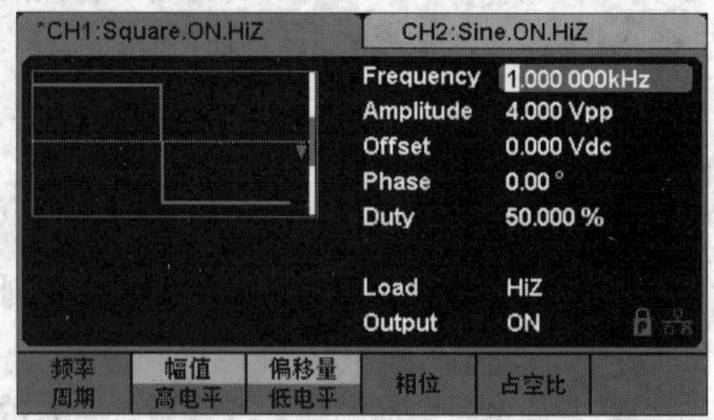

图 1.10　方波的设置界面

选择 Waveforms | Ramp，通道输出配置状态栏显示"Ramp"字样。SDG2042X 系列函数/任意波形发生器可输出带宽为 1 μHz 到 1 MHz 的三角波。设置频率/周期、幅值/高电

平、偏移量/低电平、相位、对称性，可以得到具有不同参数的三角波。图 1.11 为三角波的设置界面。

选择 Waveforms｜Pulse，通道输出配置状态栏显示“Pulse”字样。SDG2042X 系列函数/任意波形发生器可输出带宽为 1 μHz 到 25 MHz 的脉冲波。设置频率/周期、幅值/高电平、偏移量/低电平、脉宽/占空比、上升沿/下降沿、延迟，可以得到具有不同参数的脉冲波。图 1.12 为脉冲波的设置界面。

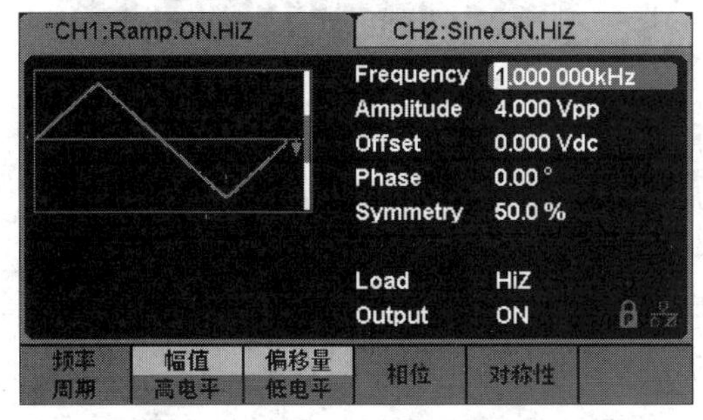

图 1.11　三角波的设置界面

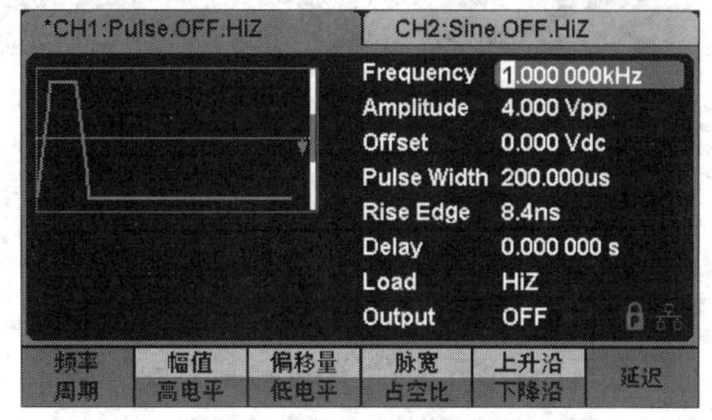

图 1.12　脉冲波的设置界面

选择 Waveforms｜Noise，通道输出配置状态栏显示“Noise”字样。SDG2042X 系列函数/任意波形发生器可输出带宽为 20 MHz 至 120 MHz 的噪声。设置标准差、均值和带宽，可以得到具有不同参数的噪声。图 1.13 为噪声的设置界面。

选择 Waveforms｜当前页 1/2｜DC，通道输出配置状态栏显示“DC”字样。SDG2042X 系列函数/任意波形发生器可输出高阻负载下 ±10 V、50 Ω 负载下 ±5 V 的直流。图 1.14 为直流信号输出的设置界面。

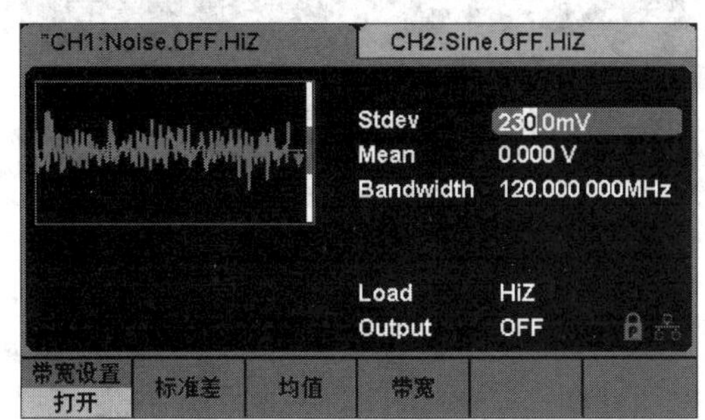

图 1.13　噪声的设置界面

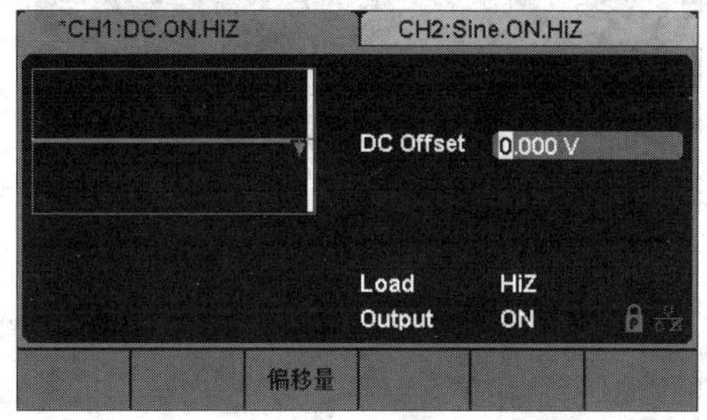

图 1.14　直流信号输出的设置界面

选择 Waveforms｜当前页 1/2｜Arb，通道输出配置状态栏显示“Arb”字样。SDG2042X 系列函数/任意波形发生器可输出带宽为 1 μHz 到 20 MHz、波形长度为 8 pts 到 8 Mpts 的任意波。设置频率/周期、幅值/高电平、偏移量/低电平、相位、模式，可以得到具有不同参数的任意波。图 1.15 为任意波的设置界面。

2）调制/扫频/脉冲串设置

如图 1.16 所示，在 SDG2042X 系列函数/任意波形发生器的前面板上有 3 个按键，分别为 Mod（调制）、Sweep（扫频）、Burst（脉冲串设置）。使用 MOD 按键，可输出经过调制的波形。

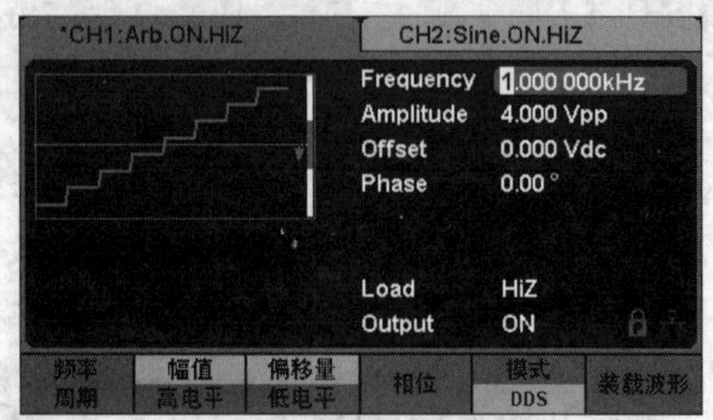

图 1.15　任意波的设置界面

图 1.16　功能按键

SDG2042X 系列函数/任意波形发生器可使用 AM、DSB－AM、FM、PM、FSK、ASK、PSK 和 PWM 调制类型，可调制正弦波、方波、三角波、脉冲波和任意波。通过改变调制类型、信源选择、调制频率、调制波形和其他参数，可改变调制输出波形。SDG2042X 系列函数/任意波形发生器的调制界面如图 1. 17 所示。

使用 Sweep 按键，可输出正弦波、方波、三角波和任意波的扫频波形。在扫频模式中，SDG2042X 系列函数/任意波形发生器在指定的扫描时间内扫描设置的频率范围。扫描时间可设定为 1 ms～500 s，触发方式可设置为内部、外部和手动。SDG2042X 系列函数/任意波形发生器的扫频界面如图 1. 18 所示。

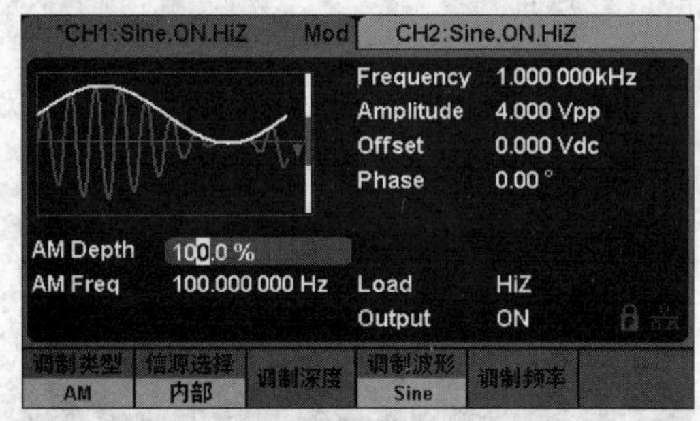

图 1.17　调制界面

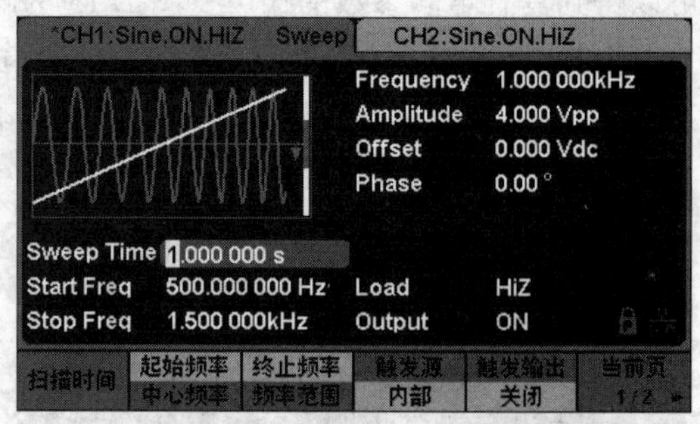

图 1.18　扫频界面

使用 Burst 按键，可以产生正弦波、方波、三角波、脉冲波和任意波的脉冲串输出。可设定起始相位：0°～360°，内部周期：1 μs ～1 000 s。SDG2042X 系列函数/任意波形发生器的脉冲串设置界面如图 1. 19 所示。

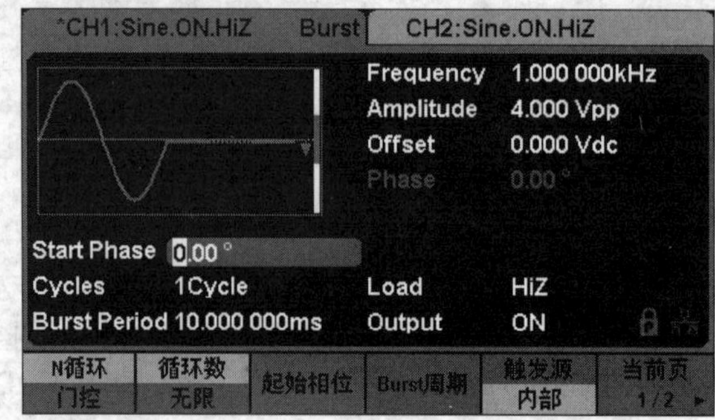

图 1.19　脉冲串设置界面

3）通道输出控制

在 SDG2042X 系列函数/任意波形发生器的方向键下面有 2 个输出控制按键，如图 1.20 所示。使用 Output 按键将开启/关闭前面板输出接口的信号输出。选择相应的通道，按下 Output 按键，该按键灯被点亮，同时打开输出开关，输出信号；再次按下 Output 按键，将关闭输出。长按 Output 按键可在“50 Ω”和“HiZ”之间快速切换负载设置。

图 1.20　输出控制按键

4）数字输入控制

如图 1.21 所示，在 SDG2042X 系列函数/任意波形发生器的操作面板上有 3 组按键，分别为数字键盘、旋钮和方向键。下面对其数字输入功能的使用进行简单说明。

（1）数字键盘——用于编辑波形时参数值的设置，直接键入数值可改变参数值。

（2）旋钮——用于改变波形参数中某一数位的值的大小，旋钮顺时针旋转一格，递增 1；旋钮逆时针旋转一格，递减 1。

（3）方向键——当使用旋钮设置参数时，使用方向键可移动光标以选择需要编辑的位；当使用数字键盘输入参数时，方向键用于删除光标左边的数字。当编辑文件名时，方向键用于移动光标以选择文件名输入区中指定的字符。

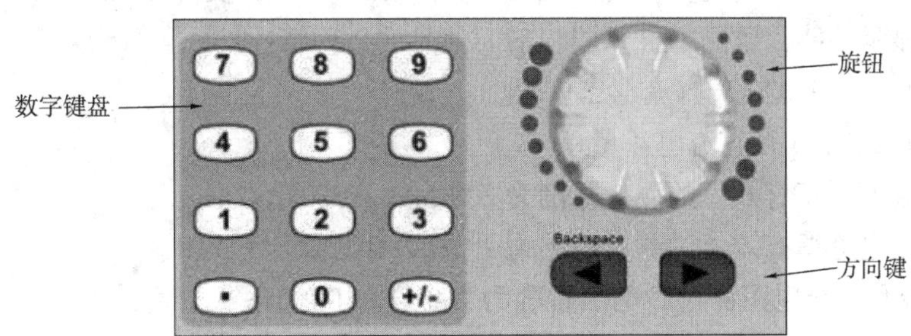

图 1.21　数字键盘、旋钮和方向键

5）常用功能按键

SDG2042X 系列函数/任意波形发生器的面板下方有 5 个功能按键，如图 1.22 所示，分别为 Parameter（参数设置）、Utility（辅助系统功能设置）、Store Recall（存储与调用）、Waveforms（波形）和 Ch1/Ch2（通道切换）按键。下面对它们的使用方法进行简单说明。

图 1.22　功能按键

（1）“Waveforms”——用于选择基本波形。

（2）“Utility”——用于对辅助系统功能进行设置，包括频率计、输出设置、接口设置、系统设置、仪器自检和版本信息的读取等。

（3）“Parameter”——用于设置基本波形参数，方便用户直接进行参数设置。

（4）“Store Recall”——用于存储、调出波形数据和配置信息。

（5）“Ch1/Ch2”——用于切换当前选中的通道。开机时，仪器默认选中 CH1，用户界面中 CH1 对应的区域高亮显示，且通道状态栏边框显示为绿色。此时按下此键可选中 CH2，用户界面中 CH2 对应的区域高亮显示，且通道状态栏边框显示为黄色。

1.3.2 SDM3055X - E 数字多用表

SDM3055X - E 数字多用表是一款 5½位双显数字多用表，它具有高精度、多功能、自动测量等特点，集基本测量、多种数学运算、电容和温度测量等功能于一身。

SDM3055X - E 数字多用表拥有高清晰的 480 像素 ×272 像素分辨率的 TFT 显示屏，易于操作的键盘布局和菜单软按键功能，使其更具灵活、易用的操作特点；标配 USB、LAN 接口，选配 USB - GPIB 接口，最大限度地满足了用户的需求。

SDM3055X - E 数字多用表的主要性能特点和技术指标如下所述。

（1）可达 5½位读数分辨率。

（2）具有 3 种测量速度：慢（5 次/s），中（50 次/s），快（150 次/s）。

（3）双显示功能，可同时显示同一输入信号的 2 种特性。

（4）200 mV ~1 000 V 直流电压量程。

（5）200 μA ~10 A 直流电流量程。

（6）交流电压真有效值的测量范围为 200 mV ~750 V。

（7）交流电流真有效值的测量范围为 20 mA ~10 A。

（8）2 线和 4 线电阻测量，电阻量程为 200 Ω ~100 MΩ。

（9）2 nF ~10 000 μF 电容量程。

（10）20 Hz ~1 MHz 频率测量范围。

（11）二极管测试。

（12）温度测试功能，内置热电偶冷端补偿。

（13）丰富的数学运算：最大值、最小值、平均值、标准偏差，相对误差测量、统计数据直方图、趋势图。

（14）U 盘存储数据和配置。

（15）标配 USB、LAN 接口，选配 USB - GPIB 接口，支持 USB - TMC、VXI11 和 IEEE488.2 标准接口，支持 SCPI 语言。

（16）兼容最新主流多用表 SCPI 命令集。

（17）记录和保存历史测量结果。

（18）1Gb NANDFLASH 容量，可海量存储系统配置和测试数据。

（19）中英文菜单和在线帮助系统。

1. 前面板

SDM3055X－E 数字多用表向用户提供了简单而明晰的前面板，这些控制按钮按照逻辑分组显示，只需选择相应按钮就可进行基本操作。如图 1.23 所示。测量功能键的使用说明见表 1.1。

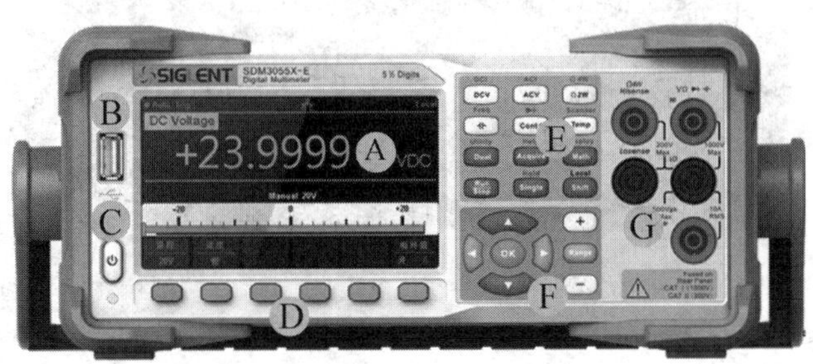

A—LCD 显示屏；B—USB Host；C—电源键；D—菜单操作键；
E—测量及辅助功能键；F—挡位选择及方向键；G—信号输入端。

图 1.23　SDM3055X－E 数字多用表的前面板

表 1.1　测量功能键的使用说明

测量功能键	使用说明
DCI / DCV	测量直流电压或直流电流
ACI / ACV	测量交流电压或交流电流
Ω4W / Ω2W	测量 2 线或 4 线电阻
Freq / ⊣⊢	测量电容或频率
▶+ / Cont	测试连通性或二极管
Scanner / Temp	切换测量温度或多路扫描卡选择
Utility / Dual	双显示功能或辅助系统功能
Help / Acquire	采样设置或帮助系统
Display / Math	数学运算功能或显示功能
Run/Stop	自动触发/停止
Hold / Single	单次触发或 Hold 测量功能
Local / Shift	切换功能/从遥控状态返回
+ / Range / −	选择量程

2. 后面板

SDM3055X－E 数字多用表的后面板为用户提供了丰富的接口，如图 1.24 所示。

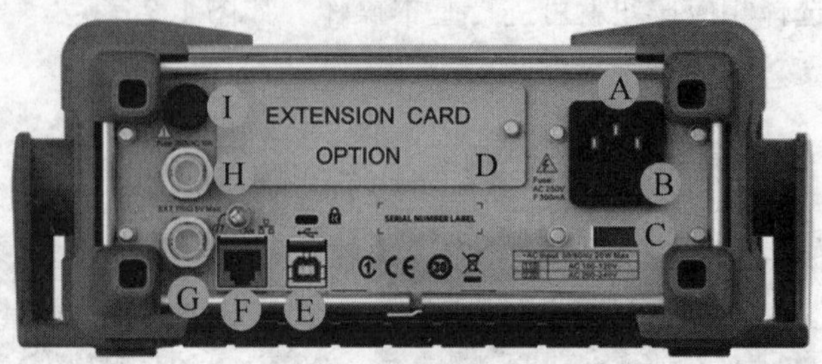

A—电源插口；B—电力保险丝；C—交流电压选择器；D—巡检卡接口（选配）；
E—USB 设备接口；F—LAN 接口；G—VMC 输出；H—外触发接口；I—电源输入保险丝。

图 1.24　SDM3055X－E 数字多用表的后面板

1.3.3　SDS1000X－E 数字示波器

1. 前面板

图 1.25 为 SDS1000X－E 数字示波器的前面板，各功能区域说明如表 1.2 所示。

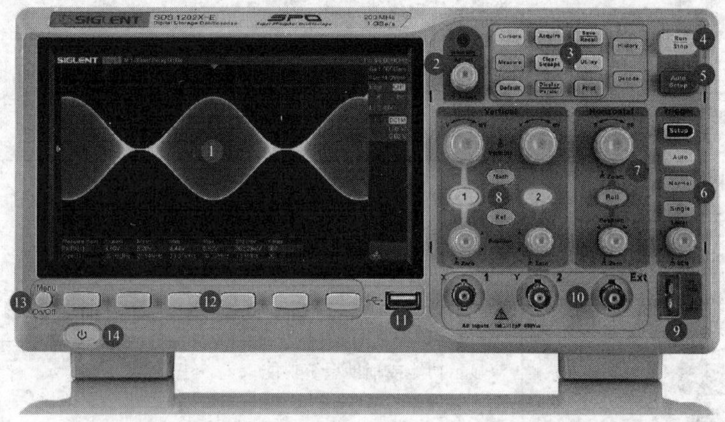

图 1.25　SDS1000X－E 数字示波器的前面板

表 1.2　SDS1000X－E 数字示波器的前面板各功能区域说明

编号	说明	编号	说明
1	屏幕显示区	8	垂直通道控制区
2	多功能旋钮	9	补偿信号输出端/接地端
3	常用功能区	10	模拟通道和外触发输入端
4	停止/运行按钮	11	USB Host 端口
5	自动设置按钮	12	菜单选择键
6	触发系统	13	菜单开关按钮
7	水平控制系统	14	电源软开关按钮

1）水平控制

图 1.26 为水平控制系统功能按钮，各按钮或旋钮功能介绍如下所述。

（1）［Roll］：按下该键快进入滚动模式。滚动模式的时基范围为：50 ms/div ~ 100 s/div。

（2）［Search］：按下该键开启搜索功能。在该功能下，示波器将自动搜索符合用户指定条件的参数内容，并在屏幕上方用白色三角形标记。

（3）［Position］：水平位置。用于修改触发位移。旋转旋钮时，触发点相对于屏幕中心左右移动。在修改过程中，所有通道的波形同时左右移动，屏幕上方的触发位移信息也会发生相应变化。按下该按钮可将触发位移恢复为 0。

（4）［旋钮］：水平挡位。用于修改水平时基挡位，顺时针旋转可减小时基，逆时针旋转可增大时基。在修改过程中，所有通道的波形被扩展或压缩，同时屏幕上方的时基信息发生相应变化。按下该按钮可快速开启 Zoom 功能。

2）垂直控制

图 1.27 为垂直控制功能按钮，各按钮或旋钮的功能如下所述。

图 1.26　水平控制功能按钮

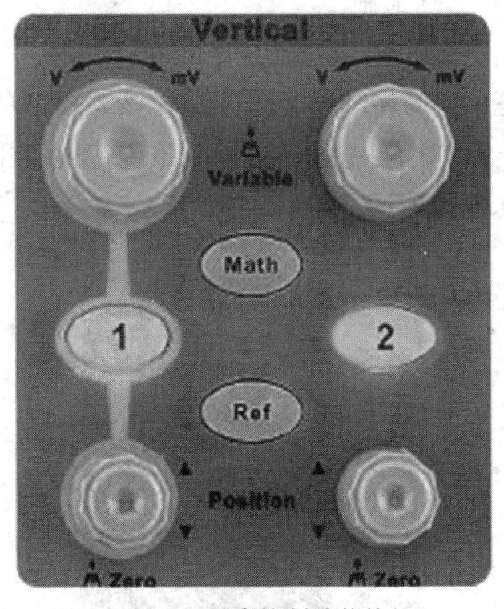

图 1.27　垂直控制功能按钮

（1）［1］和［2］：模拟输入通道。2 个通道标签用不同颜色标识，且屏幕中波形颜色和输入通道连接器的颜色相对应。按下通道按键可打开相应通道及其菜单，连续按下 2 次则关闭该通道。

（2）［Position］：垂直位置。用于修改对应通道波形的垂直位移。修改过程中波形会上下移动，同时屏幕中下方弹出的位移信息会发生相应变化。按下该按钮可将垂直位移恢复为 0。

（3）［旋钮］：垂直电压挡位。用于修改当前通道的垂直挡位，顺时针转动可减小挡位，逆时针转动可增大挡位。修改过程中波形幅度会增大或减小，同时屏幕右方的挡位信息会发生相应变化。按下该按钮可快速切换垂直挡位调节方式为“粗调”或“细调”。

（4）［Math］：按下该键打开波形运算菜单，可进行加、减、乘、除、快速傅里叶变换（FFT）、积分、微分、平方根等运算。

（5）Ref：按下该键打开波形参考功能，可将实测波形与参考波形相比较，以判断电路故障。

3）触发控制

图 1.28 为触发控制功能按钮，各按钮或旋钮功能如下所述。

（1）Setup：按下该键打开触发功能菜单。本示波器提供边沿、斜率、脉宽、视频、窗口、间隔、超时、欠幅、码型和串行总线（I2C/SPI/URAT/RS232/CAN/LIN）等丰富的触发类型。

（2）Auto：按下该键切换触发模式为 Auto（自动）模式。

（3）Normal：按下该键切换触发模式为 Normal（正常）模式。

（4）Single：按下该键切换触发模式为 Single（单次）模式。

（5）：设置触发电平。用于设置触发电平，顺时针转动旋钮可增大触发电平，逆时针转动可减小触发电平。修改过程中，触发电平线上下移动，同时屏幕右上方的触发电平值发生相应变化。按下该按钮可快速将触发电平恢复至对应通道波形的中心位置。

4）多功能旋钮

图 1.29 为多功能旋钮。菜单操作时，按下某个菜单选择按钮后，若旋钮上方指示灯被点亮，此时转动该旋钮可选择该菜单下的子菜单，按下该旋钮可选中当前选择的子菜单，指示灯也会熄灭。另外，该旋钮还可用于修改 Math、Ref 波形挡位和位移、参数值、输入文件名等。

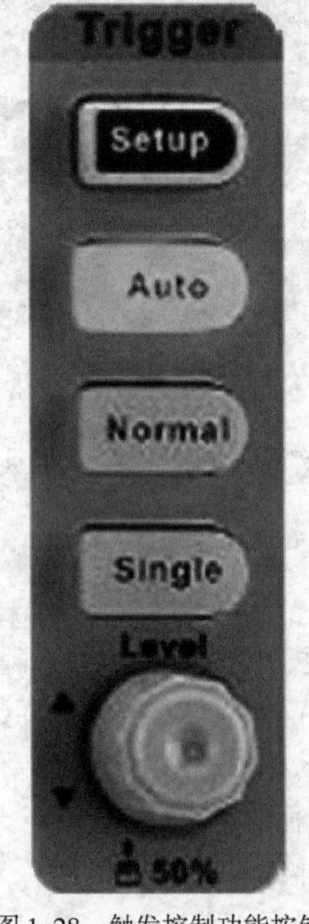

图 1.28　触发控制功能按钮

图 1.29　多功能旋钮

2. 后面板

SDS1000X－E 数字示波器的后面板如图 1.30 所示，各功能区域说明如表 1.3 所示。

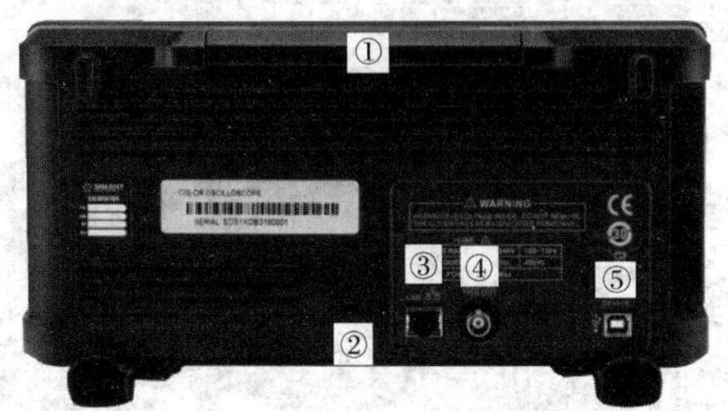

图 1.30　SDS1000X－E 数字示波器的后面板

表 1.3　SDS1000X－E 数字示波器的后面板各功能区域说明

编号	名称	功能说明
1	手柄	垂直拉起该手柄，可方便提携示波器，不需要时，向下轻按即可
2	锁孔	可以使用安全锁通过该锁孔将示波器锁在固定位置
3	LAN 接口	通过该接口将示波器连接到网络中，对其进行远程控制
4	Pass/Fail 或 Trig Out 输出	示波器产生一次触发时，可通过该接口输出一个反映示波器当前捕获率的信号，或输出 Pass/Fail 检测脉冲
5	USB 设备接口	该接口可连接 PC，通过上位机软件对示波器进行控制

1.4　数字电路实验箱

图 1.31 为 DICE－KM5 型数电模电实验箱的面板。下面对各编号对应的区域功能进行说明。

1. “A”——DDS 函数发生器单元

1）信号输出

（1）输出波形：正弦波、方波（占空比可调）、三角波、锯齿波、四脉方列、八脉方列。

（2）输出幅度（峰－峰值）：≥10 V（空载）。

（3）输出阻抗：50 Ω（1±10%）。

（4）直流偏置电压：±3 V。

（5）正弦波频率范围：0.01 Hz ～ 5 MHz。

（6）方波频率范围：0.01 Hz ～ 5 MHz 。

图 1.31　DICE－KM5 型数电模电实验箱的面板

(7) 频率分辨率：0.01 Hz（10 mHz）。

(8) 频率准确度：$\pm 5 \times 10^{-6}$。

(9) 频率稳定度：$\pm 2 \times 10^{-6}$（每 3h 内）。

(10) 正弦波失真度：≤0.8%（参考频率 1 kHz）。

(11) 三角波线性度：≥98%（输出频率范围 0.01 Hz～10 kHz）。

(12) 方波上升下降时间：≤100 ns。

(13) 方波占空比范围：1%～99%。

2）TTL 输出

函数发生器具有双路 TTL 电平驱动输出，两路信号相位差可调。输出幅度大于3 V_{pp}（电压峰峰值），扇出系数大于 20 个 TTL 门电路负载，TTL 电平上升时间和下降时间之差不大于 20 ns。

3）COUNTER 计数器功能

(1) 计数范围：0～4294967295。

(2) 测频范围：1 Hz～60 MHz。

(3) 输入幅度（峰－峰值)：1～20 V。

4）扫描功能

扫描方式有线性扫描和对数扫描两种。扫描频率设定范围可从起始点到终止点之间任意设定，频率扫描范围为两个预设值（M1～M2）频率范围，扫描速率为每步1～99 s。

5）其他

函数发生器采用 LCD1602 液晶英文显示，全部按键操作，旋钮连续调节。其具有 20 个存储和调入功能单元，即 M0～M19（M0：默认调入）。其工作环境为：温度范围为 0～40 ℃，湿度小于 80%。

2. “B”：电源开关与直流电源区

该区域控制整个实验箱的电源供给，在仔细检查连线且无误后，方可通电实验。此区域提供直流电压：+12 V，-12 V，+5 V，-5～-12 V（可调），+5～+27 V（可调），并带电源指示灯电路，还有 +5 V 短路报警电路。

3. “C”和“G”：元器件扩展单元

（1）电阻：100 Ω、1 kΩ、2 kΩ、5 kΩ、5.1 kΩ、15 kΩ、30 kΩ、910 kΩ 和 1 MΩ 各 1 只，10 kΩ4 只、20 kΩ 和 100 kΩ 各 2 只；

（2）电容：0.01 μF、0.033 μF、1 μF、4.7 μF、10 μF 和 100 μF 各 1 只，0.1 μF 和 0.2 μF 各 2 只；

（3）按钮开关：2 只；

（4）器件扩展孔：10 组，可用于扩展所需电阻、电容、二极管、三极管。

4. “D”：电平指示电路

具有 16 路开关量显示电路，如果输入高电平，则 LED 发光二极管点亮。

5. “E”：逻辑电平

具有 16 路开关量输入电路，即 16 路拨码开关。

6. “F”：四位 BCD 码静态显示

具有 6 位七段 LED 共阴数码管，带 BCD 码电路，可显示数字 0～9。表 1.4 为数码管连接段说明。配有 1 位七段 LED 数码管插座，可插共阴或共阳数码管。

表 1.4　数码管连接段说明

数码管	8 4 2 1 输入端	数码管公共端
数码管 1	D1、C1、B1、A1	LED1
数码管 2	D2、C2、B2、A2	LED2
数码管 3	D3、C3、B3、A3	LED3
数码管 4	D4、C4、B4、A4	LED4
数码管 5	D5、C5、B5、A5	LED5
数码管 6	D6、C6、B6、A6	LED6

7. “H”：集成运放电路单元

两组 741 运放，含基本电阻、电容、二极管。

8. “I”：集成电路插座单元

（1）14P 圆孔 IC 插座：4 只；

（2）16P 圆孔 IC 插座：6 只；

（3）40P 圆孔 IC 插座：1 只。

9. “J”：可调电位器

提供 1 kΩ、10 kΩ、100 kΩ、470 kΩ、1MΩ 五组电位器，电位器两端和中心抽头全部引出，便于用户灵活应用。

10. “K”：单脉冲电路

提供两组单脉冲电路：按动开关，P11、P21 产生由低到高的脉冲，/P11、/P21 产生由高到低的脉冲。

11. “L”：直流稳压电源区

提供两路 ±5 V 和 ±0.5 V 电压输出，以及两挡连续可调电压输出。可调电压挡通过带锁按钮开关来选择电压挡位 -5 V ~ +5 V 或 -0.5 V ~ +0.5 V，然后可通过 ADJ1 和 ADJ2 两个电位器调节电压大小，由 OUT1 和 OUT2 孔输出电压值。

12. “M”：继电器模块，DC 5 V 固态继电器（略）

13. “N”：蜂鸣器电路和逻辑笔电路（略）

14. “O”：模拟电路区

（1）交流电源：两组 AC 7.5 V；

（2）整流滤波电路；

（3）串联稳压电路；

（4）集成稳压电路一；

（5）集成稳压电路二；

（6）分立放大电路；

（7）差分放大电路；

（8）场效应管电路；

（9）集成功放电路；

（10）OTL 功率放大器；

（11）晶闸管电路；

15. 扩展模块区

将模块“O”替换扩展，可扩展 MCS - 51 单片机模块、CPLD 模块等。如图 1.32、图 1.33所示分别为可扩展 MCS - 51 单片机模块和 CPLD 模块。

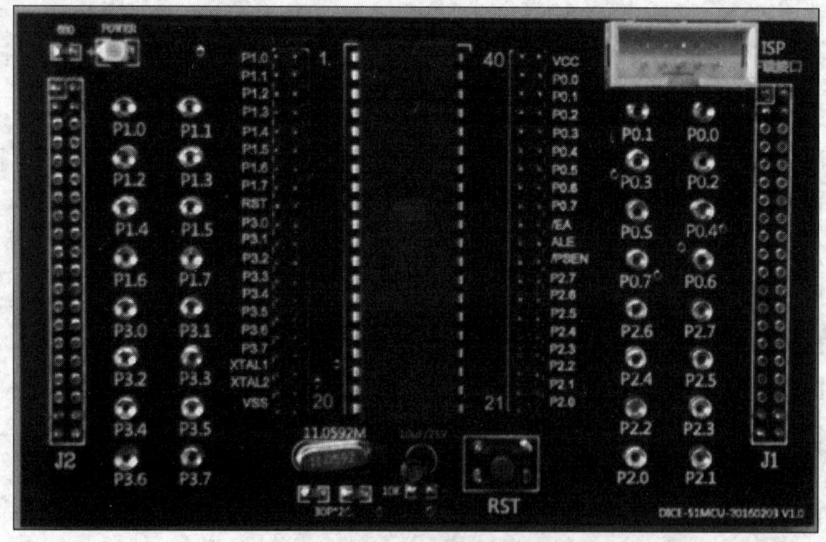

图 1.32　可扩展 MCS - 51 单片机模块

图 1.33　CPLD 模块

1.5　开源可编程数字平台——Basys 3 简介

Basys 3 是一款可由 Vivado ©工具链支持的入门级 FPGA 开发板（如图 1.34 所示），带有 Xilinx © Artix © -7 FPGA 芯片架构。该款产品是 Basys 系列 FPGA 开发板中最新的一代，特别适合刚开始接触 FPGA 技术的初学者。Basys 3 秉承 Basys 系列开发板的一贯特色：即用型的硬件、丰富的板载 I/O 口、所有必要的 FPGA 支持电路、免费的软件开发平台，且价格中等。Digilent Basys 系列是全球应用广泛的数电教学板卡，新一代 Basys 3 采用最新的 Xilinx Artix -7 系列芯片，适用于数字电路实验教学、数字逻辑系统设计和 FPGA/PLD 入门竞赛等。Basys3 具有以下特点。

图 1.34　Basys 3 数电实验平台

（1）有 33 280 个逻辑单元和 5 200 个切片（每片包含 4 个 6 - input LUT 和 8 个触发器）。

（2）有 1 800 kb 的快速块 RAM。

（3）有 5 个时钟管理，每个带有 1 个锁相环（PLL）。

（4）有 90 个 DSP 切片。

（5）内部时钟频率超过 450 MHz。

(6) 有片内模数转换器（XADC）。

(7) 有 Digilent USB - JTAG 端口，支持 FPGA 编程和通信。

(8) 扩展功能都可以通过购买设计版本获得。

(9) 免费标准 WebPACK™下载使用权限。

(10) 有串行闪存功能。

(11) 有 USB - UART 桥接。

(12) 有 12 位 VGA 输出。

(13) 有 USB HID 主机的鼠标、键盘和记忆棒。

(14) 有 16 个拨码开关。

(15) 有 16 个用户 LED。

(16) 有 5 个用户按键。

(17) 有 4 位七段显示器。

(18) 有 4 个 Pmod 连接器。

(19) 有 3 个标准的 12 引脚 Pmod。

(20) 有 1 个两用 XADC 信号/标准的 Pmod。

此外，对电类学科的学生来说，先不用学习复杂的硬件描述语言如 VHDL，使用容易上手的 Multisim 可编程逻辑图的方式来学习数字电路基础理论即可。只要两步就可轻松实现设计与仿真：第一步，先用 Multisim 仿真数字电路；第二步，直接将仿真的电路自动下载到 Basys 3 FPGA 板卡上，即借助设计数字电路原理图，先仿真后下载部署到 FPGA 的方式，引导学生轻松进入数字世界。

1.5.1 Basys 3 板卡

Basys 3 板卡实物图如图 1.35 所示，实物图中每一部分对应的功能描述如表 1.5 所示。

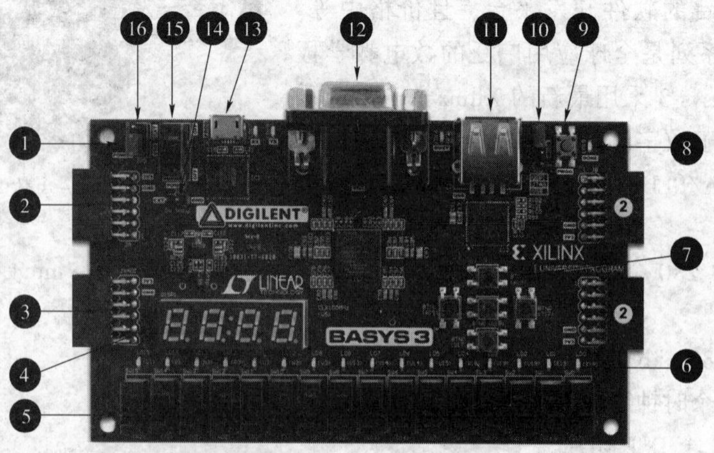

图 1.35 Basys 3 板卡实物图

表 1.5　板卡各部分功能说明表

序号	描述	序号	描述
1	电源指示灯	9	FPGA 配置复位按键
2	Pmod 连接口	10	编程模式跳线柱
3	专用模拟信号 Pmod 连接口	11	USB 连接口
4	4 位七段数码管	12	VGA 连接口
5	16 个拨码开关	13	UART/JTAG 共用 USB 接口
6	16 个 LED	14	外部电源接口
7	5 个按键开关	15	电源开关
8	FPGA 编程指示灯	16	电源选择跳线柱

1.5.2　电源电路

Basys 3 板卡的电源电路如图 1.36 所示，板卡可通过 2 种方式供电：一种是通过 USB 端口供电（J4 端口）；另一种是通过接线柱进行供电（5 V，J6 端口）。通过对跳线帽（JP2 端口）的不同选择进行供电方式的选择。SW16 为电源开关，LD20 为电源开关的指示灯。

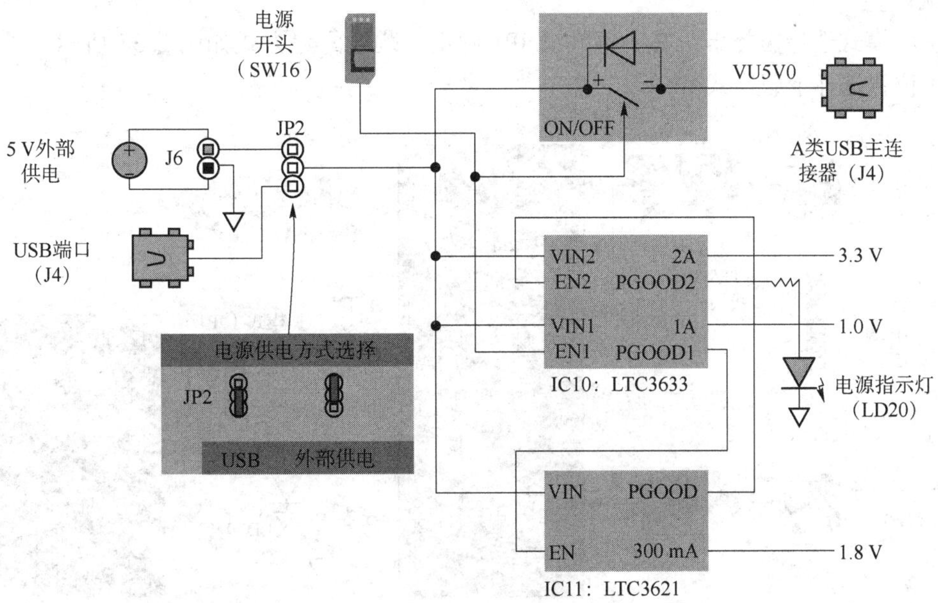

图 1.36　Basys 3 板卡的电源电路

板卡上使用的电源电压为3.3 V、1.0 V 和1.8 V，分别通过线性稳压芯片从主电源输入电路中获得。板卡电源相关信息如表 1.6 所示。

表 1.6　板卡电源说明表

电源	供电电路	稳压芯片	电流（最大值/典型值）
3.3 V	FPGA I/O、USB 端口、时钟、Flash、Pmod	IC10：LTC3633	2 A/(0.1～1.5 A)
1.0 V	FPGA 内核	IC10：LTC3633	2 A/(0.2～1.3 A)
1.8 V	FPGA 辅助电路和 RAM	IC11：LTC3621	300 mA/(0.05～0.15 A)

1.5.3　FPGA 配置电路

板卡上电后必须配置 FPGA 才能执行相应的功能，存储 FPGA 配置数据的文件为比特流（bitstream）文件，扩展名为“.bit”。凭借 Xilinx 的 Vivado 软件可以通过 VHDL、Verilog HDL 或基于原理图的源文件创建比特流文件。比特流文件存放于 FPGA 内部的静态随机存储器中，如果关闭板卡电源、按下复位按键或通过 JTAG 端口写入新的配置文件，原有比特流文件也随之丢失，有以下 3 种方式可以下载程序。

（1）JTAG 程序：通过 USB－JTAG 方式下载到 FPGA 芯片，如图 1.37 中的 J4 端口，板卡上标有“PROG”。

（2）Flash 程序：通过 Quad－SPI 方式下载到 Flash 芯片，该方式可实现掉电不易丢失数据。

（3）USB 程序：通过 U 盘或移动硬盘方式下载到 FPGA 芯片，如图 1.37 中 J2 端口的 USB 端口。

编程模式选择由板卡最右上角跳线 JP1 确定，跳线配置方式如图 1.37 所示，更改跳线 JP1 位置选择下载模式。

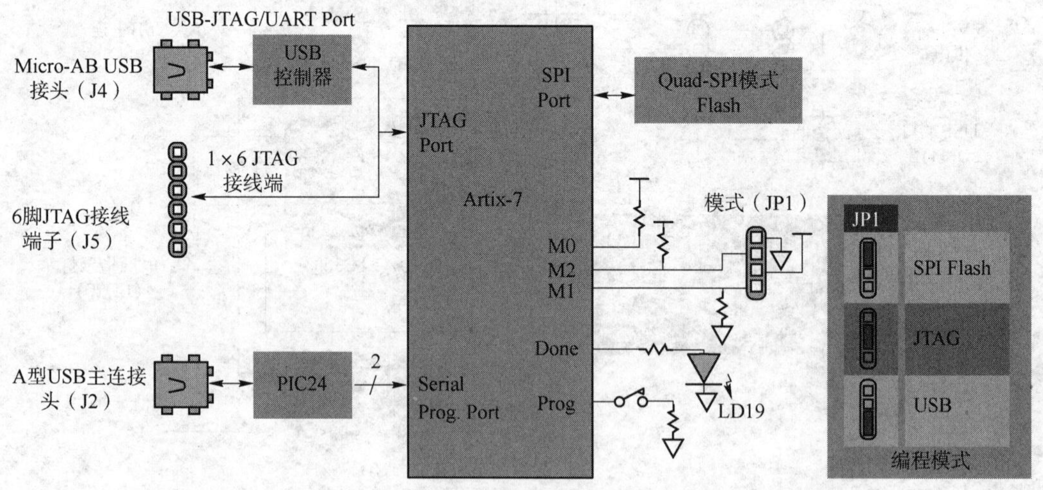

图 1.37　Basys 3 板卡配置选项

编程下载成功后，点亮指示灯 LD19，任何时候按下“PROG”按键，FPGA 内容的配置存储器都会重新复位。

1.5.4　存储器

板卡包含一款 32 Mb 闪存，通过 4 个串行外围接口模式与 FPGA 芯片相连。FPGA 与闪存之间的连接和引脚排列如图 1.38 所示。

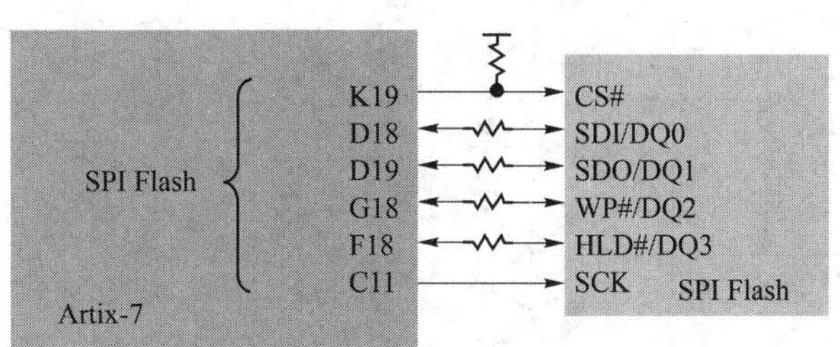

图 1.38　Basys 3 板卡配外部存储器

1.5.5　晶振/时钟

板卡配有一个 100 MHz 的有源晶振，与引脚 W5 相连。输入的时钟信号驱动混合模式时钟管理器和锁相环，能够为工程项目产生所需的各种时钟信号（频率和相位关系可调节），用户可查阅 Xilinx 官网提供的文档查阅相关使用方法和限制条件。

1.5.6　USB－UART 桥接（串口）

如图 1.39 所示，板卡配有一个 USB－UART 桥接芯片 FT2232HQ，用户可以通过 PC 端程序用串口指令与板卡通信。串口数据与 FPGA 之间的收发通过两线串口实现，板卡上的两个指示灯 LD18 和 LD17 分别代表发送和接收数据状态。芯片 FT2232HQ 既可以用于 USB－UART，又可用于 USB－JTAG，相互独立。板卡只需一根 USB 连接线即可实现编程、UART 通信和供电。

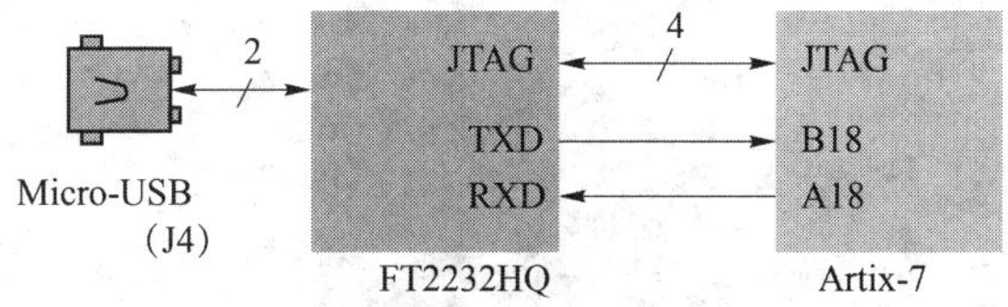

图 1.39　Basys 3 板卡 FT2232HQ 连接示意图

1.5.7　基本 I/O 口

如图 1.40 所示，板卡配有丰富的基本输入/输出器件，有 16 个拨码开关（Slide Switches）、5 个按键（Buttons）、16 个 LED 指示灯（LEDs）和 4 位七段数码管（7－segment Display）。为防止实际使用时出现短路现象，按键和拨码开关与电阻先串联，然后再与 FPGA 相连，这样可以减小损坏芯片的可能性。按键在初始默认状态下输出低电平，当被按下时输出高电平，拨码开关拨上时为低电平，拨下时为高电平。LED 灯的阳极通过电阻与 FPGA 连接，当对应 I/O 引脚为高电平时，点亮指示灯。

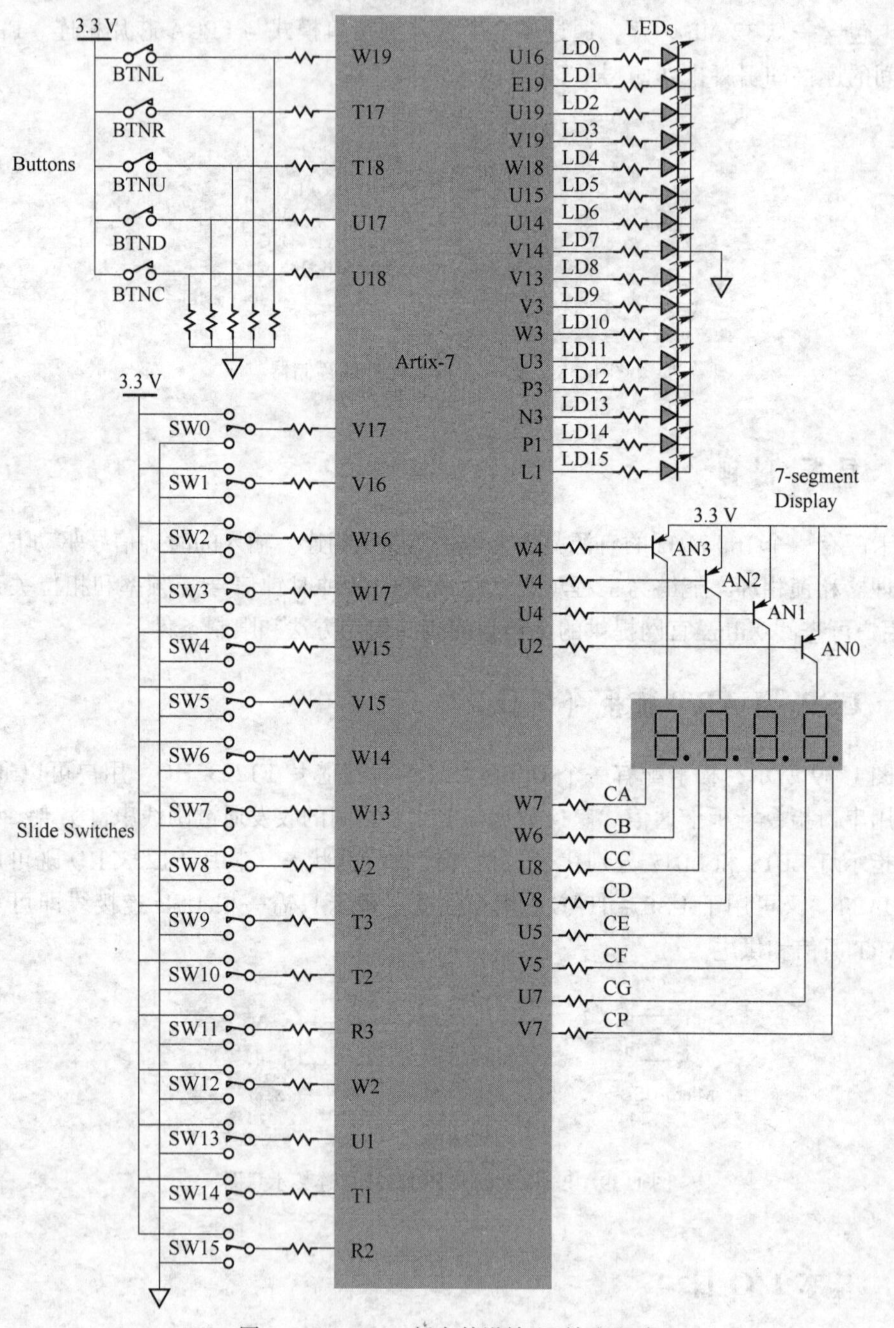

图 1.40　Basys 3 板卡外设输入/输出电路

数码管是一个 4 位带小数点的七段共阳极数码管，每一位由七段 LED 组成，为点亮一段 LED，阳极应为高电平，阴极为低电平，但是板卡使用晶体管驱动共阳极节点，使得共阳极的使能反向。因此图 1.40 中 AN0 ~ AN3 和 CA ~ CG/DP 信号都是低电平有效，即当数码管的阴极信号 CA ~ CG 和小数点 DP 为低电平时，对应的 LED 段点亮。如果 AN0 ~ AN3 同时为低电平，则 4 个数码管显示相同内容。实际应用中，如果要多个数码管显示，可以采取动态扫描显示方式，即当刷新周期在 1 ~ 16 ms 期间时，只要使 4 个数码管轮流点亮一次，就会让人感觉 4 个数码管没有闪烁，而是同时显示的。

1.6　Multisim 12.0 概述

NI Multisim 是一款著名的电子设计自动化软件，与 NI Ultiboard 同属美国国家仪器公司的电路设计软件套件，是入选伯克利加大 SPICE 项目中为数不多的几款软件之一。Multisim 在学术界及产业界被广泛地应用于电路教学、电路图设计和 SPICE 模拟。

Multisim 是以 Windows 为基础的仿真工具，适用于板级的模拟 / 数字电路板的设计工作。它包含了电路原理图的图形输入、电路硬件描述语言输入方式，具有丰富的仿真分析能力。

使用 Multisim 可以交互式地搭建电路原理图，并对电路进行仿真。Multisim 提炼了 SPICE 仿真的复杂内容，用户无须懂得深入的 SPICE 技术就可以很快地进行捕获、仿真和分析新的设计，这也使其更适合电子学教育。通过 Multisim 和虚拟仪器技术，PCB 设计工程师和电子学教育工作者可以完成从理论到原理图捕获与仿真，再到原型设计和测试这样一个完整的综合设计流程。

1.6.1　Multisim 发展历程

Multisim 最早是由加拿大图像交互技术公司（以下简称 IIT 公司）于 20 世纪 80 年代末推出的一款专门用于电子线路仿真的虚拟电子工作平台（electronics workbench，EWB），用来对数字电路、模拟电路及模拟/数字混合电路进行仿真。20 世纪 90 年代初，EWB 软件进入我国。1996 年，IIT 公司推出 EWB 5.0 版本，由于其操作界面直观、操作方便、分析功能强大、易学易用等突出优点，在我国高等院校得到迅速推广，也受到电子行业技术人员的青睐。

从 EWB 5.0 版本以后，IIT 公司对 EWB 进行了较大的变动，将专门用于电子电路仿真的模块改名为 Multisim，将原 IIT 公司的 PCB 制板软件 Electronics Workbench Layout 更名为 Ultiboard 。为了增强器布线能力，IIT 公司开发了 Ultiroute 布线引擎。另外，IIT 公司还推出了用于通信系统的仿真软件 Commsim。至此，Multisim，Ultiboard，Ultiroute，Commsim 构成现在 EWB 的基本组成部分，能完成从系统仿真、电路仿真到电路板图生成的全过程。其中，最具特色的仍然是电路仿真软件 Multisim。

2001 年，IIT 公司推出了 Multisim 2001，重新验证了元件库中所有元件的信息和模型，提高了数字电路仿真速度。IIT 公司还开设了专门的网站，用户可以从该网站得到最新的元件模型和技术支持。

2003 年，IIT 公司又对 Multisim 2001 进行了较大的改进，并升级为 Multisim 7，其核心是基于带 XSPICE 扩展的 SPICE 引擎来加强数字仿真，提供了 19 种虚拟仪器，尤其是增加了3D元件及安捷伦的多用表、示波器、函数信号发生器等仿实物的虚拟仪表，将电路仿真分析增加到19种，元件增加到13 000个，提供了专门用于射频电路仿真的元件模型库和仪表，以此搭建射频电路并进行实验，提高了射频电路仿真的准确性。此时，电路仿真软件Multisim 7已经非常成熟和稳定，是加拿大IIT公司在开拓电路仿真领域的一个里程碑。随后IIT公司又推出Multisim 8，增加了虚拟Tektronix示波器，仿真速度有了进一步提高，仿真界面、虚拟仪表和分析功能则变化不大。

2005年以后，加拿大IIT公司隶属于美国NI公司，并于2005年12月推出Multisim 9。Multisim 9在仿真界面、元件调用方式、搭建电路、虚拟仿真、电路分析等方面沿袭了EWB的优良特色，但软件的内容和功能有了很大不同。将NI公司的最具特色的LabVIEW仪表融入Multisim 9，可以将实际I/O设备接入Multisim 9，克服了原Multisim软件不能采集实际数据的缺陷。Multisim 9还可以与LabVIEW软件交换数据，调用LabVIEW虚拟仪表，增加51系列和PIC系列的单片机仿真功能，还增加了交通灯、传送带、显示终端等高级外设元件。

NI公司于2007年8月26日发行NI系列电子电路设计套件，该套件含有电路仿真软件NI Multisim 10和PCB板制作软件NI Ultiboard 10，增加了交互部件的鼠标单击控制、虚拟电子实验室虚拟仪表套件（NI ELVIS II)、电流探针、单片机的C语言编程及6个NI ELVIS仪表。

2010年初，NI公司正式推出Multisim 11，能够实现电路原理图的图形输入、电路硬件描述语言输入、电子线路和单片机仿真、虚拟仪器测试、多种性能分析、PCB布局布线和基本机械CAD设计等功能。

2012年，NI公司推出了Multisim 12 。Multisim 12的电路仿真环境通过使用直观的图形化方法，简化了复杂的传统电路仿真，并且提供了用于电路设计和电子教学的量身定制版本。

2013年，NI公司推出了Multisim 13，提供了针对模拟电子、数字电子及电力电子的全面电路分析工具。

2018年，NI公司又推出了Multisim 14，该版本萃取了电路级模拟程序（SPICE）仿真的精华部分，具有所见即所得的设计环境、互动式的仿真界面、动态显示元件、具有3D效果的仿真电路、虚拟仪表、分析功能与图形显示窗口等特色功能，这样用户即便对SPICE技术不是太熟悉，也能快速上手并进行捕获、仿真和分析新的设计。

Multisim仿真软件自20世纪80年代产生以来，经过数个版本的升级，除保持操作界面直观、操作方便、易学易用等优良传统外，电路仿真功能也得到不断完善。Multisim 12主要有以下特点。

1. 直观的图形界面

Multisim 12保持了原EWB图形界面直观的特点，其电路仿真工作区就像一个电子实验工作台，元件和测试仪表均可直接拖放到屏幕上，可通过单击鼠标用导线将它们连接起来。虚拟仪器操作面板与实物相似，甚至完全相同。可方便选择仪表测试电路波形或特性，可以对电路进行20多种电路分析，以帮助设计人员分析电路的性能。

2. 丰富的元件

自带元件库中的元件数量很多，基本可以满足工科院校电子技术课程的要求。Multisim 12 的元件库不但含有大量的虚拟分离元件、集成电路，还含有大量的实物元件模型。用户可以编辑这些元件，并利用模型生成器及代码模式创建自己的元件。

3. 众多的虚拟仪表

Multisim 12 提供 22 种虚拟仪器，这些仪器的设置和使用与真实仪表一样，能动态交互显示。用户还可以创建 LabVIEW 的自定义仪器，既能在 LabVIEW 图形环境中灵活升级，又可调入 Multisim 12 方便使用。

4. 完备的仿真分析

以 SPICE 3F5 和 XSPICE 的内核作为仿真的引擎，能够进行 SPICE 仿真、RF 仿真、MCU 仿真和 VHDL 仿真。通过 Multisim 12 自带的增强设计功能优化数字和混合模式的仿真性能，利用集成 LabVIEW 和 Signalexpress 可快速进行原型开发和测试设计，具有符合行业标准的交互式测量和分析功能。

5. 独特的虚实结合

在 Multisim 12 电路仿真的基础上，NI 公司推出教学实验室虚拟仪表套件（NI ELVIS），用户可以在 NI ELVIS 平台上搭建实际电路，利用 NI ELVIS 仪表完成实际电路的波形测试和性能指标分析。用户可以在 Multisim 12 电路仿真环境中模拟 NI ELVIS 的各种操作，为在实际 NI ELVIS 平台上搭建、测试实际电路打下良好的基础。NI ELVIS 仪表允许用户自定制并进行灵活的测量，还可以在 Multisim 12 虚拟仿真环境中调用，以此完成虚拟仿真数据和实际测试数据的比较。

6. 可用于远程教育

用户可以使用 NI ELVIS 和 LabVIEW 来创建远程教育平台。利用 LabVIEW 中的远程面板，将本地的 VI 发布在网络上，通过网络传输到其他地方，从而给异地的用户进行教学或演示相关实验。

7. 强大的 MCU 模块

可以完成 8051. PIC 单片机及其外部设备（如 RAM、ROM、键盘和 LCD 等）的仿真，支持 C 代码、汇编代码及十六进制代码，并兼容第三方工具源代码；具有设置断点、单步运行、查看和编辑内部 RAM、特殊功能寄存器等高级调试功能。

8. 简化了 FPGA 应用

在 Multisim 12 电路仿真环境中搭建数字电路，并测试其功能正确后，执行菜单命令将之生成为原始 VHDL 语言，有助于初学 VHDL 语言的用户对照学习 VHDL 语句。用户可以将这个 VHDL 文件应用到现场可编程门阵列（FPGA）硬件中，从而简化了 FPGA 的开发过程。

1.6.2　Multisim 12 的基本界面

Multisim 12 以图形界面为主，采用菜单、工具栏和热键相结合的方式，具有一般 Windows 应用软件的界面风格，用户可以根据自己的习惯和熟悉程度自如使用。

1. 主窗口

启动 Multisim 12 后，将出现如图 1.41 所示的界面。由图 1.41 可以看出，Multisim 12 的主窗口界面包含有多个区域：标题栏、菜单栏、工具栏、电路工作区窗口、状态条、列表框等。通过对各部分的操作可以实现电路图的输入、编辑，并根据需要对电路进行相应的观测和分析。用户可以通过菜单或工具栏改变主窗口的视图内容。

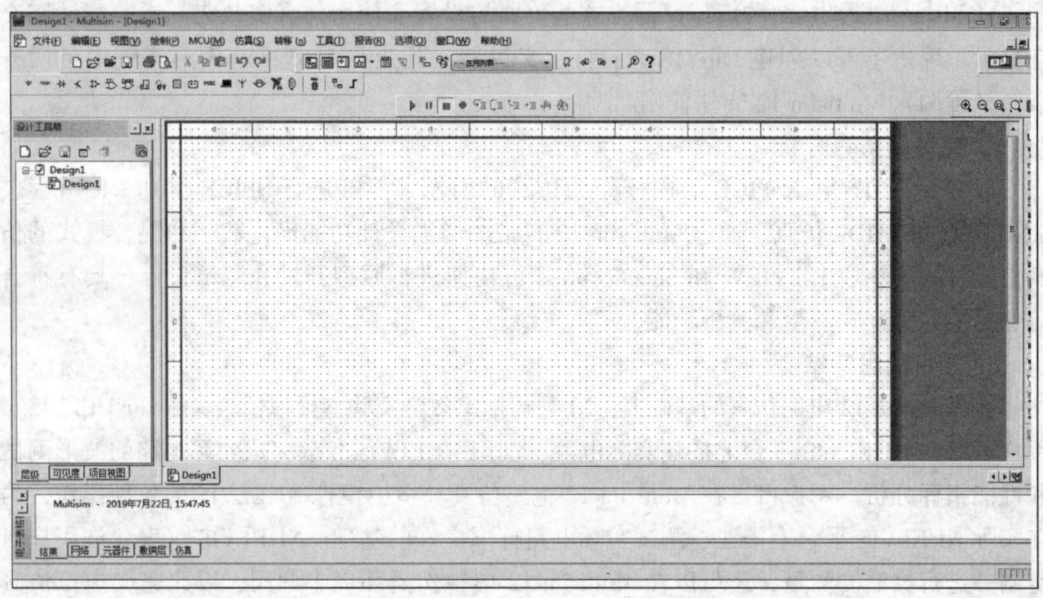

图 1.41　Multisim 12 的主窗口界面

2. 标题栏

当右击标题栏时，可出现一控制菜单，如图 1.42 所示。用户可以选择相应的命令来完成还原、移动、最小化等操作。

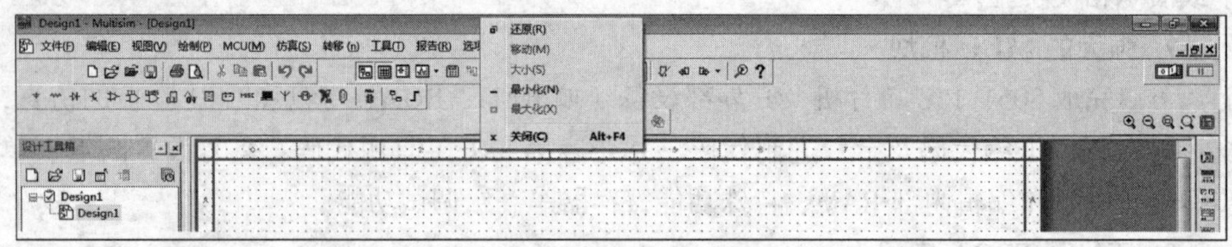

图 1.42　Multisim 12 的标题栏

3. 菜单栏

菜单栏共含有 12 个菜单，如图 1.43 所示。通过这些菜单可以对 Multisim 12 的所有功能进行操作。

图 1.43　Multisim 12 的菜单栏

一些菜单的功能与大多数 Windows 平台上应用软件一致，如文件、编辑、视图、选项、工具、帮助等菜单。此外，还有一些 EDA 软件专用的选项，如绘制、MCU、仿真等。

（1）【文件】菜单。【文件】菜单中包含了对文件和项目的基本操作及打印等命令。

（2）【编辑】菜单。其功能类似于图形编辑软件中【编辑】菜单的基本功能。在电路图绘制过程中，【编辑】菜单可用于对电路和元件进行剪切、粘贴、翻转、对齐等操作。

（3）【视图】菜单。视图菜单用于选择使用软件时操作界面上所显示的内容，对一些工具栏和窗口进行控制。

（4）【绘制】菜单。提供在电路工作窗口中放置元件、连接点、总线和文字等命令，从而输入电路。

（5）【MCU】菜单。用于在电路工作窗口内对 MCU 进行调试。

（6）【仿真】菜单。用于电路的仿真设置与分析。

（7）【转移】菜单。用于将 Multisim 格式转换成其他 EDA 软件需要的文件格式。

（8）【工具】菜单。用于对元件进行编辑与管理。

（9）【报告】菜单。报告菜单提供材料清单、元件和网表等报告命令。

（10）【选项】菜单。用于对电路界面和某些功能进行设置。

（11）【窗口】菜单。用于对窗口进行关闭、层叠、平铺等操作。

（12）【帮助】菜单。用户选择该菜单后，可查看在线帮助，使用指导说明等。

对于菜单栏中这 12 个菜单项，当单击其中任意一个菜单时，就会弹出对应菜单下所提供的子菜单命令窗口，大家根据需要选择相应的操作命令。具体的大家可以通过练习来熟悉这些子菜单命令。

4. 工具栏

Multisim 12 提供了多种工具栏，并以层次化的模式加以管理，用户可以通过【视图】菜单中的选项将顶层的工具栏打开或关闭，再通过顶层工具栏中的按钮来管理和控制下层的工具栏。通过工具栏，用户可以方便直接地使用软件的各项功能。

常用的工具栏有：标准工具栏、主工具栏、视图查看工具栏，仿真工具栏。

（1）标准工具栏包含了常见的文件操作和编辑操作，如图 1.44 所示。

图 1.44　标准工具栏

（2）主工具栏控制文件、数据、元件等的显示操作，如图 1.45 所示。

图 1.45　主工具栏

（3）仿真工具栏可以控制电路仿真的开始、结束和暂停，如图 1.46 所示。

（4）用户可以通过视图查看工具栏方便地调整所编辑电路的视图大小，如图 1.47 所示。

图 1.46　仿真工具栏

图 1.47　视图工具栏

1.6.3　Multisim 12 的元件库

EDA 软件所能提供的元器件的多少及元器件模型的准确性都直接决定了该 EDA 软件的质量和易用性。Multisim 12 为用户提供了丰富的元器件，并以开放的形式管理元器件，使得用户能够自己添加所需要的元器件。

Multisim 12 以库的形式管理元器件，打开【数据库管理器】窗口，如图 1.48 所示。由图 1.48 中看出，Multisim 12 的元件库包含 3 个数据库，分别为主数据库、企业数据库和用户数据库。

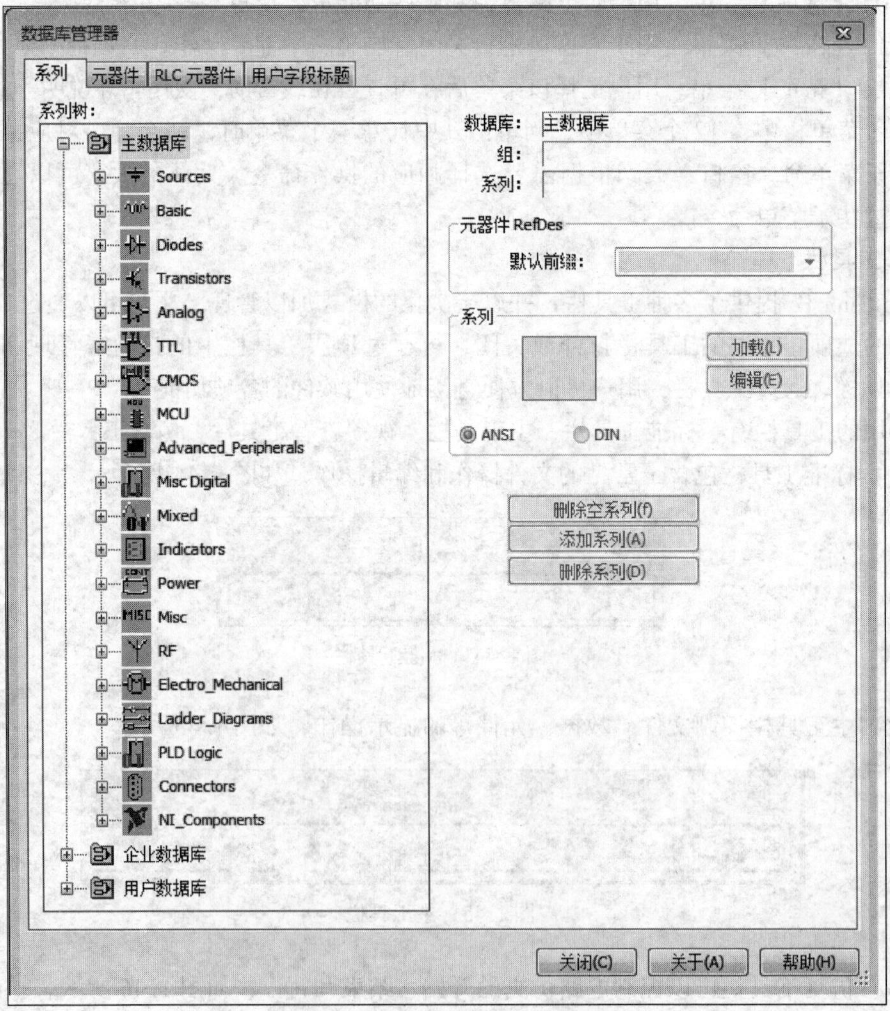

图 1.48　【数据库管理器】窗口

（1）主数据库：库中存放的是软件为用户提供的元器件。

（2）企业数据库：用于存放便于企业团队设计的一些特定元件，该库仅在专业版中存在。

（3）用户数据库：是为用户自建元器件准备的数据库。

如图 1.49 所示，主数据库中包含 20 个元件库，它们是：信号源库、基本元件库、二极管元件库、晶体管元件库、模拟元件库、TTL 元件库、CMOS 元件库、MCU 模块元件库、高级外围元件库、杂合类数字元件库、混合元件库、显示器件库、功率器件库、杂合类器件库、射频元件库、机电类元件库、梯形图设计元件库、PLD 逻辑器件库、连接器元件库、NI 元件库。各元件库下还包含子库。

图 1.49　元器件工具栏

1.6.4　Multisim 12 的虚拟仪器库

对电路进行仿真运行，通过对运行结果的分析，判断设计是否正确合理，是 EDA 软件的一项主要功能。为此，Multisim 为用户提供了类型丰富的 20 种虚拟仪器，如图 1.50 所示。这 20 种仪器在电子线路的分析中经常会用到。它们分别是：数字多用表、函数发生器、瓦特表、双通道示波器、4 通道示波器、波特测试仪、频率计、字信号发生器、逻辑变换器、逻辑分析仪、伏安特性分析仪、失真分析仪、频谱分析仪、网络分析仪、安捷伦函数发生器、安捷伦多用表、安捷伦示波器、Tektronix 示波器、探针和 LabVIEW 仪器。这些虚拟仪器仪表的参数设置、使用方法和外观设计与实验室中的真实仪器基本一致。在选用后，各种虚拟仪表都以面板的方式显示在电路中。

图 1.50　仪器工具栏

1.6.5　Multisim 12 的使用方法与实例

Multisim 的基础是正向仿真，为用户提供了一个软件平台，允许用户在进行硬件实现以前，对电路进行观测和分析。具体的过程分为 5 步：文件的创建、取用元器件、连接电路、仪器仪表的选用与连接、电路仿真分析。

为了帮助初学者轻松容易地掌握 Multisim12 的使用要领，这节将结合一个电路实例的具体实现过程来说明 Multisim 的使用方法。

例题：利用 Multisim 软件对图 1.51 所示电路中 R2 两端的电压输出进行仿真分析。

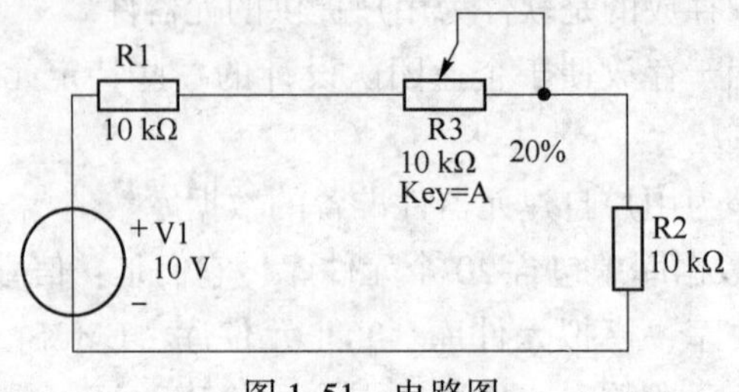

图 1.51　电路图

1）文件的创建

启动 Multisim 12，进入主界面窗口，选择菜单栏中的保存命令后，会弹出【保存】窗口，选择合适的保存路径和输入所需的文件名“example1”，然后单击【保存】按钮，完成新文件的创建，如图 1.52 所示。

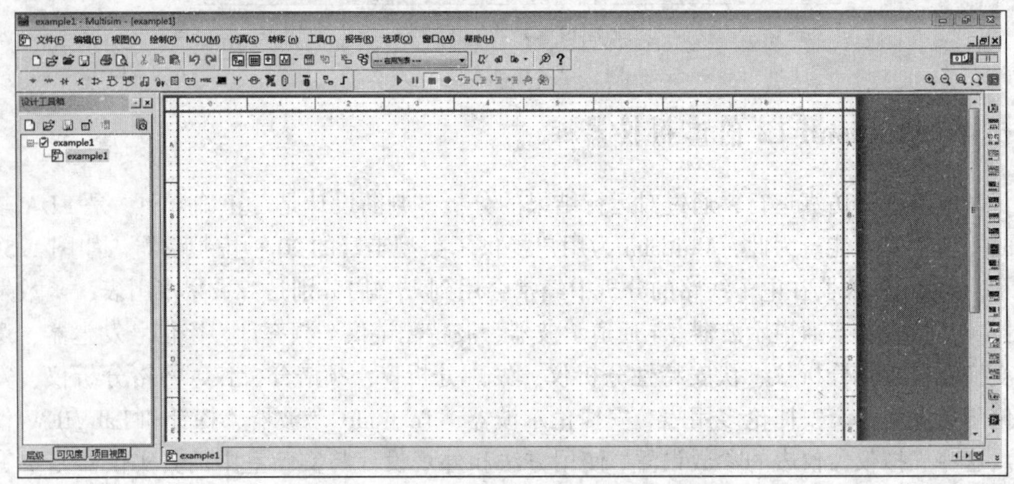

图 1.52　新建文件“example1”

这里需要说明的是：

（1）文件的名字要能体现电路的功能，要让自己以后看到该文件名就能一下子想起该文件实现了什么功能；

（2）在电路图的编辑和仿真过程中，要养成随时保存文件的习惯，以免由于没有及时保存而导致文件的丢失或损坏。

为了适应不同的需求和用户习惯，用户可以选择【选项】|【电路图属性】打开电路图属性对话窗口，来定制用户的通用环境变量，如图 1.53 所示。通过该窗口的 6 个标签选项，用户可以就编辑界面颜色、电路尺寸、缩放比例、自动存储时间等内容作相应的设置。

以标签工作区为例，当选中该标签时，【电路图属性】对话框如图 1.54 所示，在这个对话窗口中有 2 个分项。

（1）显示：可以设置是否显示网格，页边界及边界。

（2）电路图页面大小：设置电路图页面大小。

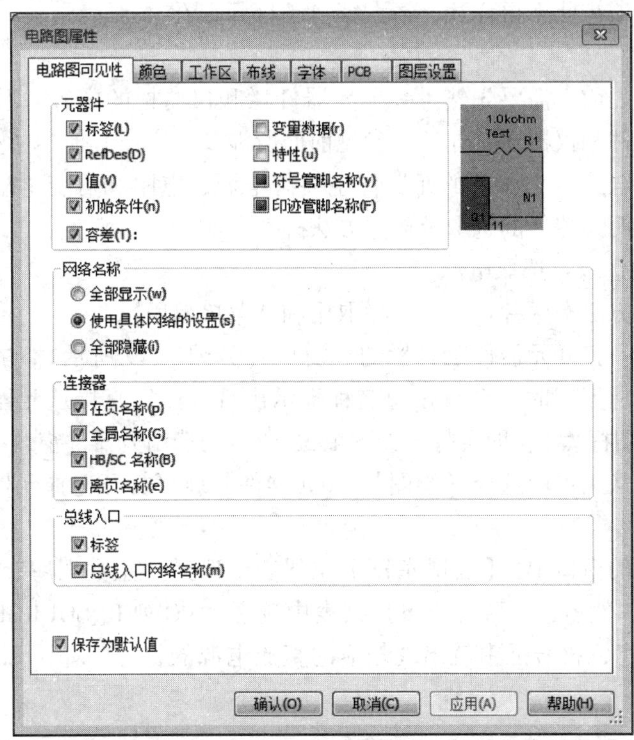

图 1.53　【电路图属性】对话框

图 1.54　【电路图属性】对话框的工作区标签

其余的标签选项在此不再详述，请大家自己打开查看。

2）取用元器件

在绘制电路图之前，需要先熟悉一下元器件栏和仪器栏的内容，看看 Multisim 12 都提供了哪些电路元件和仪器。具体的可参见前面所涉及内容或其他参考资料。

根据所要分析电路，它涉及的元器件主要有电源、电阻和可变电阻。下面将以选用电源为例来详细说明元器件的选取及放置方法。

(1) 元器件的选取：选取电源。

选用元器件的方法有两种：从工具栏取用和从菜单取用。

从工具栏取用：打开元器件工具栏的小窗口（如图 1.49 所示）。鼠标在元器件工具栏窗口中每个按钮上停留时，会有按钮名称提示出现。然后直接从元器件工具栏中单击【放置源】按钮（图标$\doteq$），即可打开如图 1.55 所示的选用元器件窗口。

从菜单取用：从菜单中选择【绘图】|【元器件】就可打开选择元器件的窗口。该窗口与图 1.55 一样。

在选用元器件的窗口中，【数据库】下拉列表中选择“主数据库”，【组】下拉列表中选择“Sources”，然后，【系列】下拉列表中选择“POWER_SOURCES”，最后元器件选择“DC_POWER”，符号框中就出现相应的直流电源的符号，如图 1.55 所示。最后单击【确认】按钮。

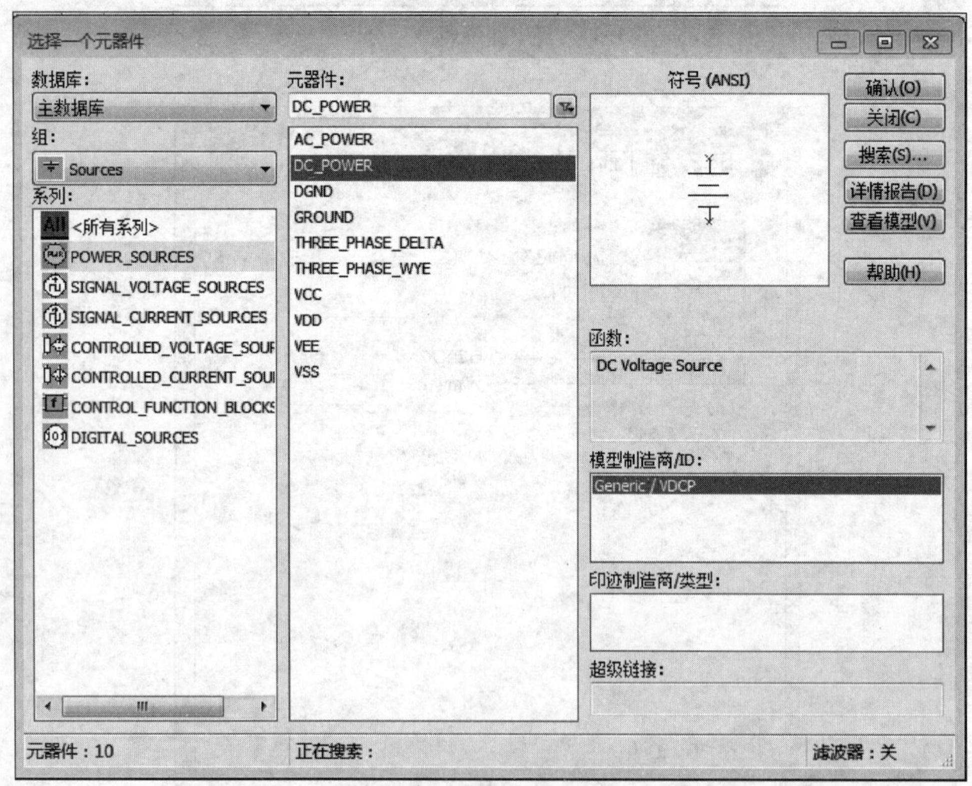

图 1.55　选用元器件窗口

（2）放置元器件。

在上步单击【确认】按钮后，系统关闭元器件选取窗口，自动回到电路设计窗口，注意这时候鼠标箭头旁边出现了直流电源的电路符号，并随着鼠标的移动而移动。移动到需要位置，单击鼠标左键，发现电路设计窗口中放置了一个直流电源，如图 1.56 所示。

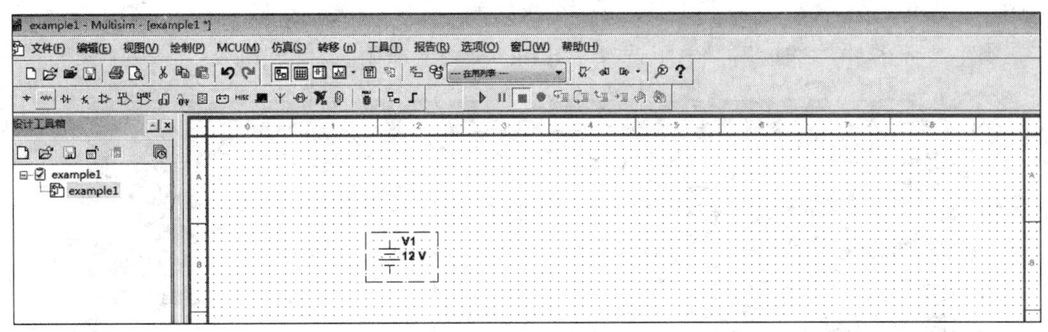

图 1.56　放置一个直流电源

（3）元器件属性修改。

双击该电源符号，出现如图 1.57 所示的属性对话框，在该对话框里，可以更改该元件的属性。在这里，我们将电压改为 10 V。当然，也可以更改元件的其他属性。电源属性修改后的电路图编辑窗口如图 1.58 所示。

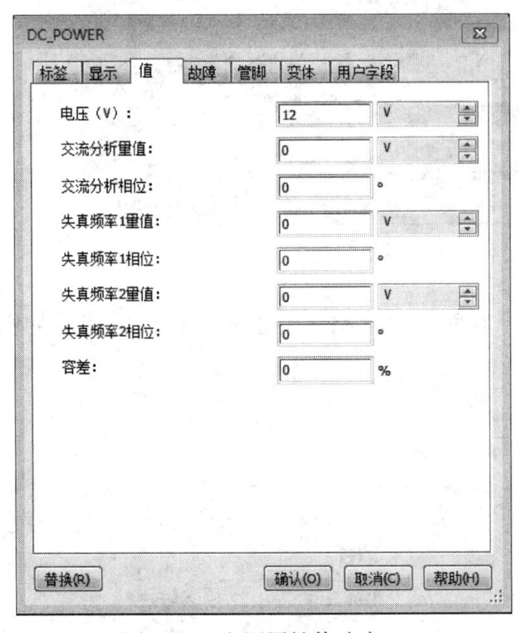

图 1.57　电源属性修改窗口

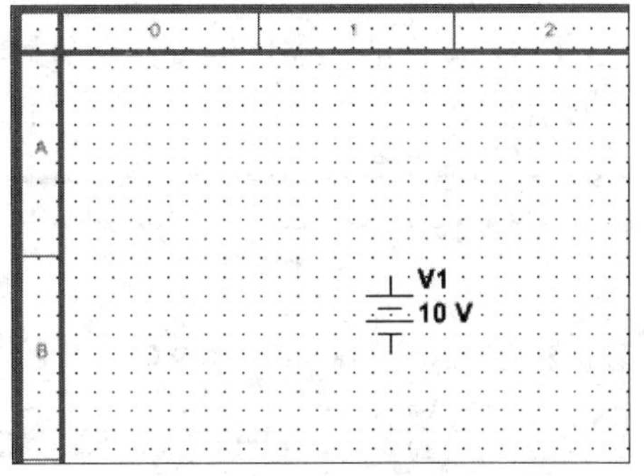

图 1.58　电源属性修改后的电路图编辑窗口

（4）元器件的移动和翻转。

用户可以对元器件进行移动、复制、粘贴等编辑工作。这些工作与 Windows 系统其他软件操作方法一致，这里就不再详细叙述。

放置好所需电源后，按照上述步骤，放置两个 1.0 kΩ 电阻和一个 10 kΩ 可变电阻。如图 1.59 所示，放置电阻时，在电阻元器件选取对话框中可进行相应参数的选择：

①在【数据库】下拉菜单中选择“主数据库”；

②在【组】下拉菜单中选择“Basic”；

③在“系列”选项里，电阻选择“RESISTOR”，可变电阻选择“POTENTIOMETER”；

④在“元器件”选项里，电阻选择“1.0k”，可变电阻选择“10k”。

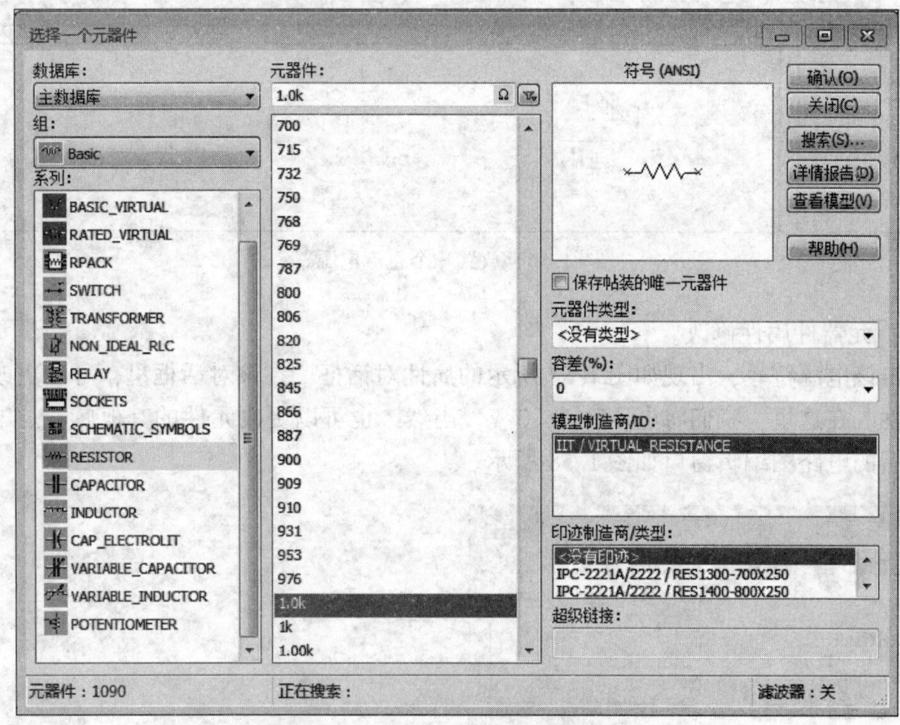

图 1.59　电阻元器件选取对话框

对图 1.60 中的元器件进行移动和翻转，为后面连接电路做好准备，操作完成后的图见图 1.61。

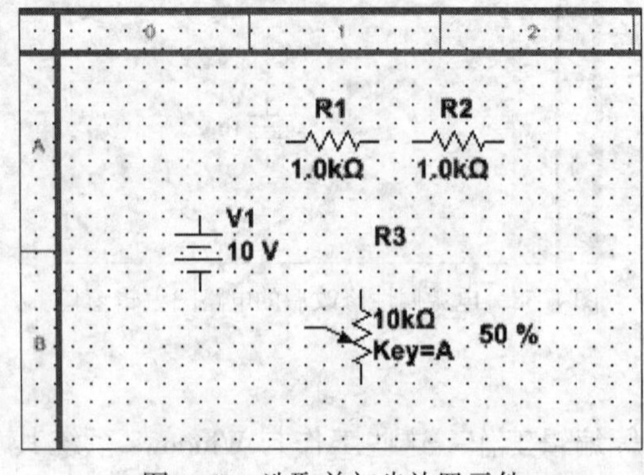

图 1.60　选取并初步放置元件

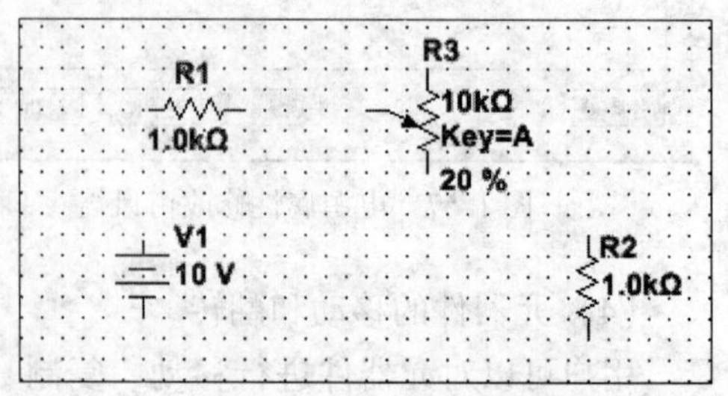

图 1.61　移动并翻转元器件后的窗口

3）连接电路

将鼠标移动到电源的正极，当鼠标指针变成带黑点的十字图标时，表示导线已经和正极连接起来了，单击鼠标将该连接点固定，然后移动鼠标到电阻 R1 的一端，出现小红点后，表示正确连接到 R1 了，单击鼠标左键固定，这样一根导线就连接好了，如图 1.62 所示。如果想要删除这根导线，将鼠标移动到该导线的任意位置，单击鼠标右键，选择“删除”即可将该导线删除。或者选中导线，直接按 Delete 键删除。按照前面的方法，将各连线连接好后得到的电路连线图如图 1.63 所示。

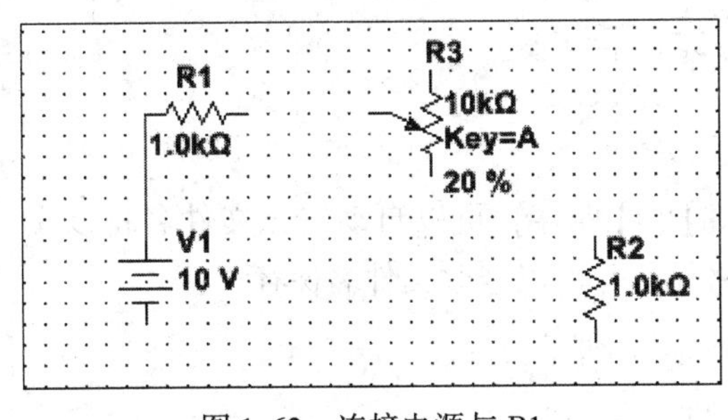

图 1.62　连接电源与 R1

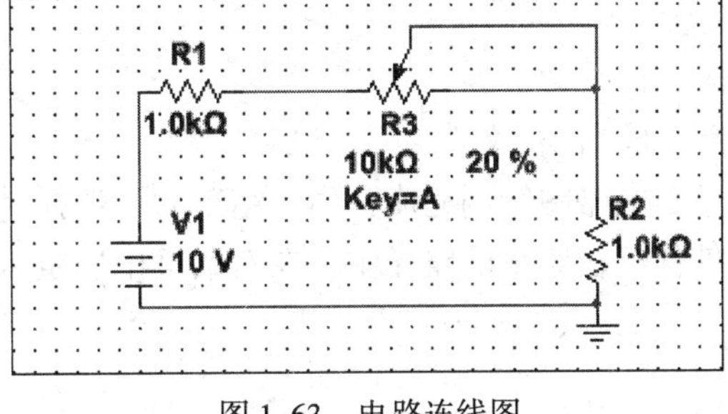

图 1.63　电路连线图

注意： 在电路了放置一个公共地线，在电路图的绘制中，公共地线是必须的。

4）仪器仪表的选用与连接

对电路电阻 R2 的输出进行仿真分析，需要在 R2 两端添加多用表。可以从仪器的工具栏中选用多用表，其添加方法类似元器件。双击多用表就会出现仪器面板，面板为用户提供观测窗口和参数设定按钮。添加多用表后并连线，所得电路如图 1.64 所示。

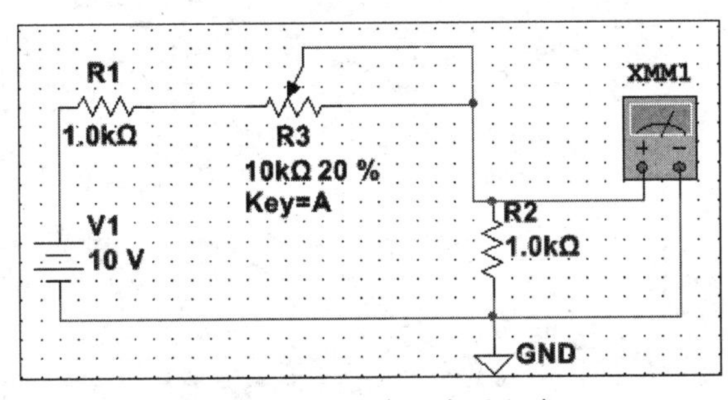

图 1.64　添加多用表后电路

5）电路仿真分析

电路连接完毕，检查无误后，就可以进行仿真了。单击仿真栏中的绿色开始按钮。电路进入仿真状态。双击图中的多用表符号，即可弹出如图 1.65 的对话框，在这里显示了电阻 R2 上的电压。R3 是可调电阻，为了进行数值仿真，调节 R3 电阻百分比到 20%，则此时 R3 的阻值为 2 kΩ。对于显示的电压值是否正确，可以验算一下。

在调试运行的过程中，大家可以通过按“A”或“Shift + A”增减 R3 所接入电路的百分数，或者拖动 R3 旁边的滑动条，观察多用表的读数变化情况。

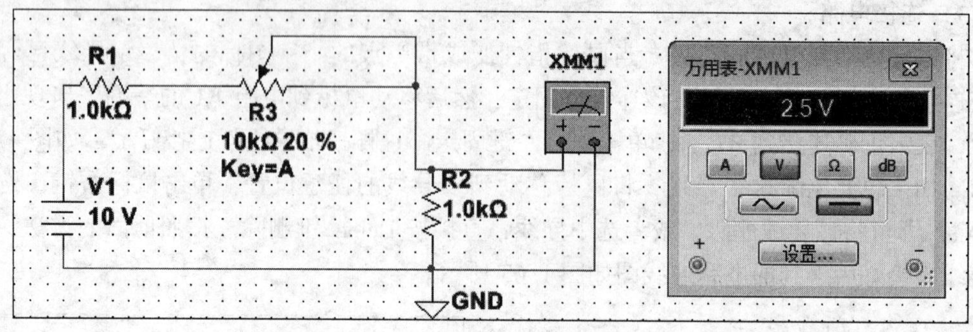

图 1.65　仿真结果图

6）保存文件

电路图绘制完成，仿真结束后，选择【文件】|【保存】可以自动按原文件名将该文件保存在原来的路径中。在对话框中选定保存路径，并可以修改文件名保存。

第2章 基础实验

实验1 门电路逻辑功能及测试

实验目的

（1）熟悉门电路逻辑功能。

（2）熟悉数字电路实验箱及双踪示波器的使用方法。

实验仪器及器件

（1）双踪示波器。

（2）元器件（见表2.1）。

表2.1 元器件清单

型号	元器件名称	数量/片
74LS00	二输入四与非门	2
74LS20	四输入双与非门	1
74LS86	二输入四异或门	1
74LS04	六反相器	1

预习要求

（1）复习门电路工作原理及相应逻辑表达式。

（2）熟悉所用集成电路的引线位置及各引线用途。

（3）了解双踪示波器的使用方法。

实验内容

实验前，首先检查实验箱电源是否正常，然后选择实验用的集成电路，图2.1为参考集成电路图，学生也可以按自己设计的实验接线图接线，特别注意VCC及地线不能接错（$V_{CC}=+5$ V，实验箱上备有地线）。线接好后，经实验指导教师检查无误可通电实验。实验中改动接线须先断开电源，接好后再通电实验。

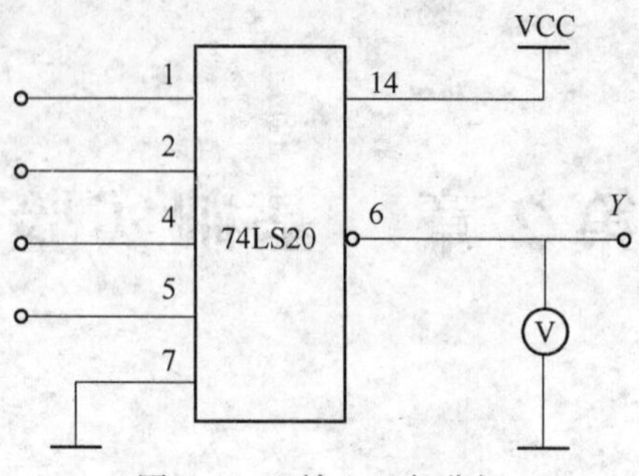

图 2.1　四输入双与非门

1. 测试门电路逻辑功能

为了更好地实现对门电路逻辑功能的测试，分别通过 Multisim 软件仿真和实验箱实际操作两种方法进行。下面以二输入四与非门 74LS00 的逻辑功能测试为例进行说明。

1）Multisim 软件仿真验证

（1）首先进行静态测试，在 Multisim 元件库中找出 +12 V 电源、开关、二输入四与非门 74LS00 和 LED 等，搭建如图 2.2 所示的仿真图。

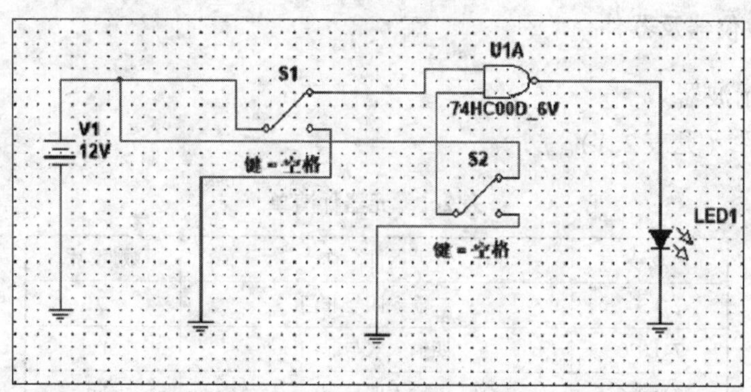

图 2.2　二输入四与非门静态测试仿真图

（2）将二输入四与非门 74LS00 的一组输入 A、B 接到开关，将输出端连接至 LED 指示灯，通过拨动开关改变输入端的电平状态，观察指示灯的亮灭情况进行验证。如指示灯亮，则输出为高电平，反之则为低电平。可将结果记入如表 2.2 所示的真值表中。其中，“1”表示高电平，“0”表示低电平。

表 2.2　状态转换表

输入				输出	
1	2	3	4	*Y*	电压/V
1	1	1	1		
0	1	1	1		
0	0	1	1		
0	0	0	1		
0	0	0	0		

（3）从元件库中找出码发生器，选择二进制码，选择两路连接至二输入四与非门 74LS00 的一组输入端 A、B，然后放置示波器，用通道 0、通道 1 和通道 2 分别观察输入端 A、B 和输出端 Y 的波形并做记录。动态测试仿真图如图 2.3 所示，二输入四与非门 74LS00 的动态波形如图 2.4 所示。

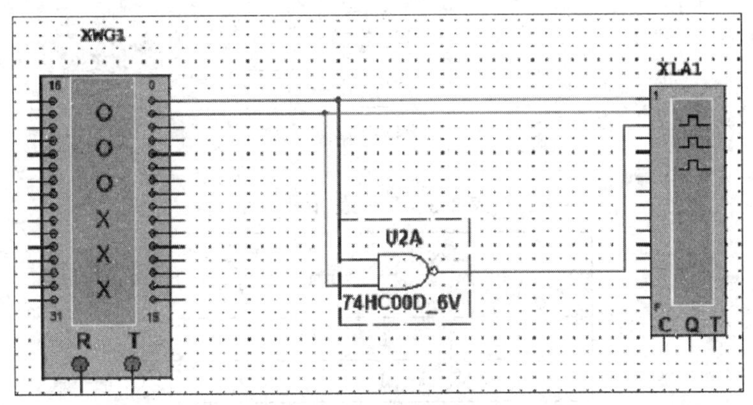

图 2.3　动态测试仿真图

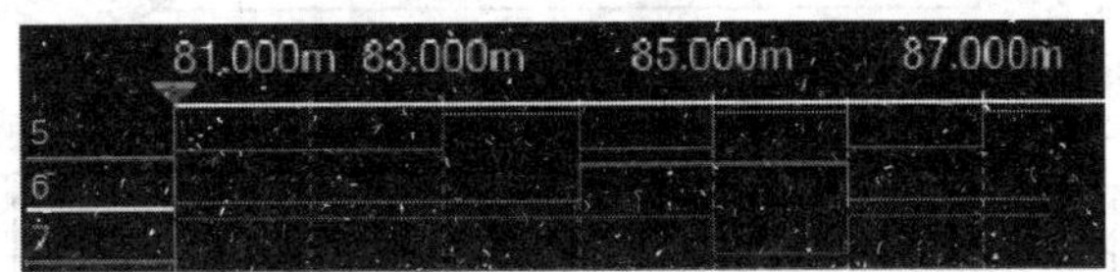

图 2.4　二输入四与非门 74LS00 的动态波形

余下部分门电路的 Multisim 软件仿真请自行完成。

2）实验箱实际操作验证

（1）选用四输入双与非门 74LS20 一片，插入 IC 插座，按图 2.1 接线，输入端接 K1 ~ K4（实验箱左下角的逻辑电平开关的输出插口），输出端接实验箱左下角的 LED 电平指示二极管输入插口 L1 ~ L8 中的任意一个。

（2）将逻辑电平开关按表 2.2 进行状态转换，测出输出逻辑状态值及电压值。

2. 逻辑电路的逻辑关系

（1）使用二输入四与非门电路按图 2.5、图 2.6 接线，将输入输出逻辑关系分别填入表 2.3、表 2.4 中。

（2）写出两个电路的逻辑表达式。

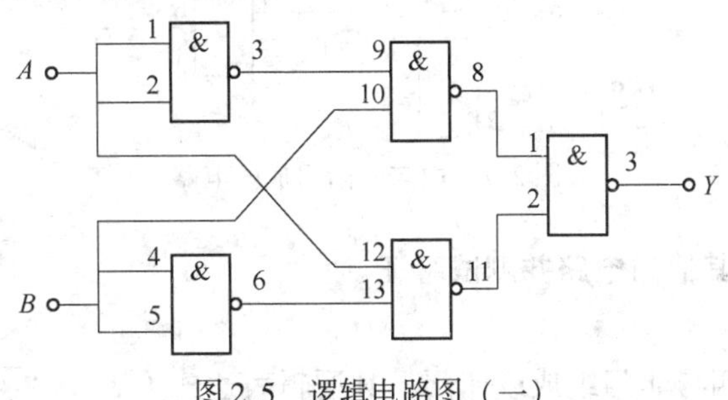

图 2.5　逻辑电路图（一）

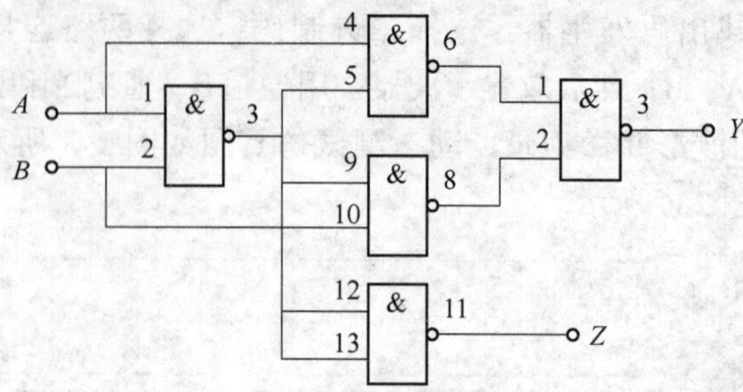

图 2.6　逻辑电路图（二）

表 2.3　真值表（一）

输入		输出
A	B	Y
0	0	
0	1	
1	0	
1	1	

表 2.4　真值表（二）

输入		输出	
A	B	Y	Z
0	0		
0	1		
1	0		
1	1		

3. 利用与非门控制输出

使用一片 74LS00 按图 2.7 接线。S 分别接高、低电平开关，用示波器观察 S 对输出脉冲的控制作用。

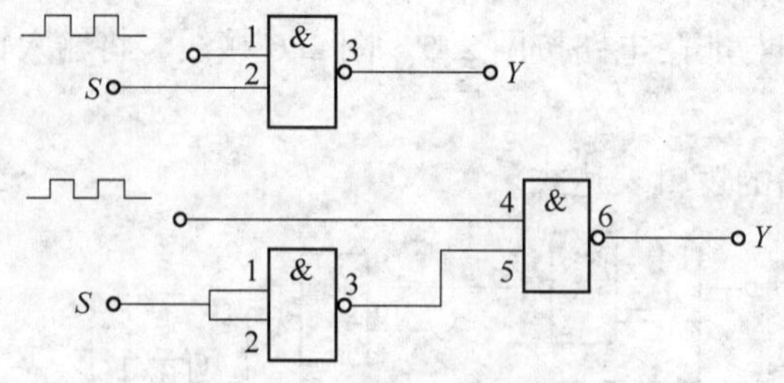

图 2.7　由与非门组成的电路

4. 用与非门组成其他门电路并测试验证

1）组成或非门

使用一片二输入四与非门组成或非门，其逻辑表达式为 $Y = \overline{A + B} = \overline{A}\,\overline{B}$。

画出电路图，测试并完成表 2. 5。

表 2. 5　真值表（三）

输入		输出
A	B	Y
0	0	
0	1	
1	0	
1	1	

2）组成异或门

（1）将异或门表达式转化为与非门表达式；

（2）画出逻辑电路图；

（3）测试并完成表 2. 6。

表 2. 6　真值表（四）

输入		输出
A	B	Y
0	0	
0	1	
1	0	
1	1	

5. 异或门逻辑功能测试

（1）选二输入四异或门电路，按图 2. 8 接线，输入端 1、2、4、5 接电平开关输出插口，输出端 A、B、Y 接电平显示发光二极管。

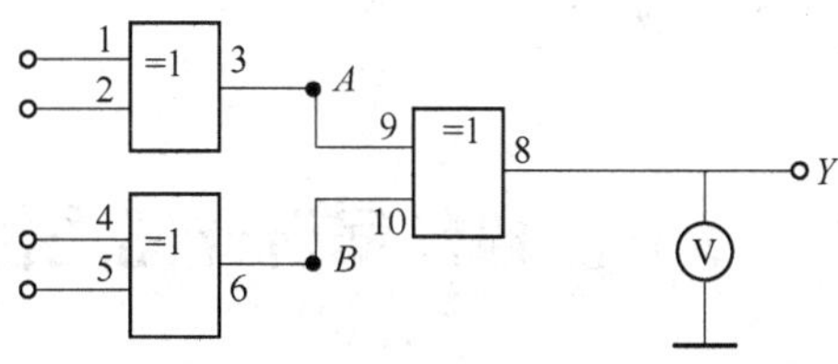

图 2. 8　二输入四异或门

（2）将电平开关按表 2. 7 进行状态转换，并将结果填入表 2. 7 中。

表 2. 7　真值表（五）

输入				输出			
1	2	3	4	A	B	Y	电压/V
0	0	0	0				
1	0	0	0				

续表

输入				输出			
1	2	3	4	A	B	Y	电压/V
1	1	0	0				
1	1	1	0				
1	1	1	1				
0	1	0	1				

6. 逻辑门传输延迟时间的测量

用六反相器电路按图 2.9 接线，输入 1 kHz 脉冲（实验箱左上角固定脉冲单元），将输入脉冲和输出脉冲分别接入双踪示波器 Y1、Y2 轴，观察输入、输出相位差。

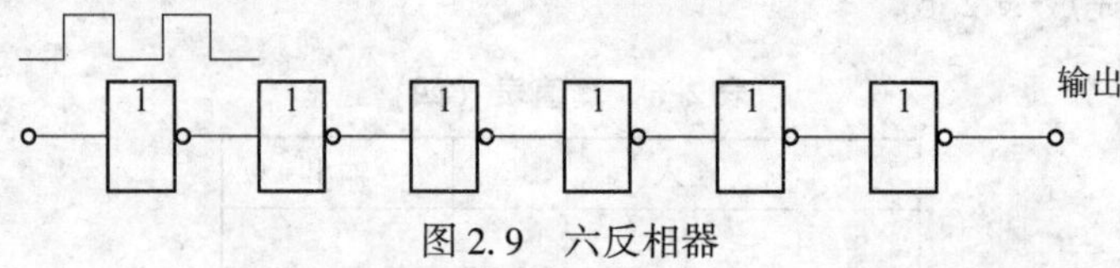

图 2.9 六反相器

实验报告

（1）按要求画出逻辑图。

（2）回答下列问题。

①怎样判断门电路逻辑功能是否正常？

②与非门一个输入端接连续脉冲，其余端处于什么状态时允许脉冲通过？处于什么状态时禁止脉冲通过？

③异或门又称可控反相门，为什么？

实验 2 译码器和数据选择器功能测试

实验目的

（1）熟悉译码器和数据选择器的功能。

（2）了解译码器和数据选择器的应用。

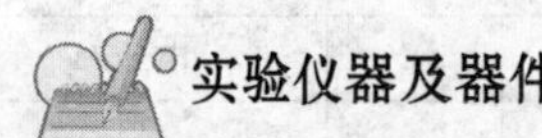

实验仪器及器件

（1）双踪示波器。

（2）元器件（见表 2.8）。

表 2.8　元器件清单

型号	元器件名称	数量/片
74LS00	二输入四与非门	1
74LS139	2－4 线译码器	1
74LS153	双 4 选 1 数据选择器	1

预习要求

（1）预习译码器及数据选择器的功能。

（2）熟悉所用集成电路的引线位置。

实验内容

1. 译码器功能测试

将 2－4 线译码器电路按图 2.10 接线，参照表 2.9 输入电平，测试输出状态并将其填入表 2.9 中。

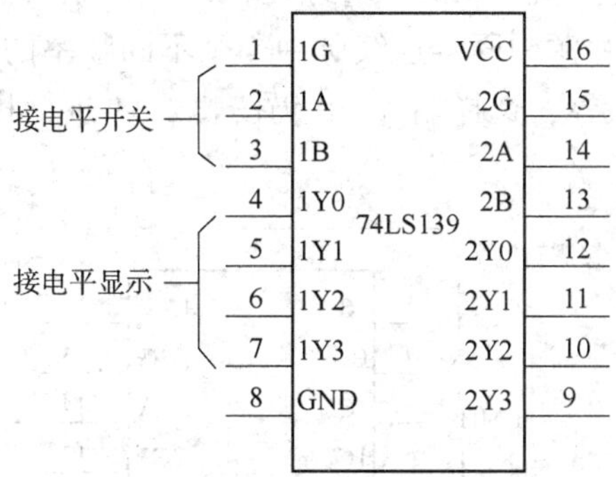

图 2.10　2－4 线译码器引脚图

表 2.9　74LS139 译码器真值表

使能	选择		输出			
1G	1B	1A	1Y0	1Y1	1Y2	1Y3
1	×	×				
0	0	0				
0	0	1				
0	1	0				
0	1	1				

注：“×”表示任意值，下同。

2. 译码器转换

将 2－4 线译码器转换为 3－8 线译码器，具体操作步骤如下：

（1）画出转换电路图；

（2）在实验箱上接线并验证设计是否正确；

（3）填写表2.10。

表2.10　3－8线译码器真值表

输入						输出							
1G	1B	1A	2G	2B	2A	1Y0	1Y1	1Y2	1Y3	2Y0	2Y1	2Y2	2Y3
0	0	0	1	×	×								
0	0	1	1	×	×								
0	1	0	1	×	×								
0	1	1	1	×	×								
1	×	×	0	0	0								
1	×	×	0	0	1								
1	×	×	0	1	0								
1	×	×	0	1	1								

3. 数据选择器的测试及应用

（1）将双4选1数据选择器74LS153参照图2.11接线，测试其功能并填写表2.11。

（2）将实验箱脉冲信号源中固定连续脉冲4个不同频率的信号接到数据选择器4个输入端，输出端1Y接示波器，选择端A，B仍按表2.11进行状态改变，分别观察4种不同频率的脉冲信号。

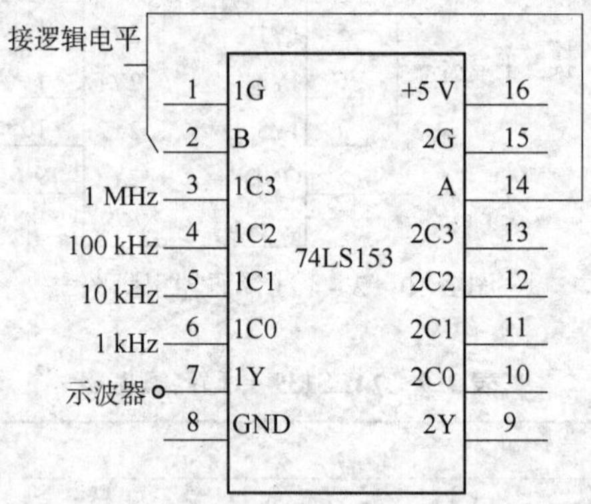

图2.11　数据选择器接线图

表2.11　数据选择器74LS153功能测试表

选择端		数据输入端				输出控制端	输出状态	输出频率
B	A	1C0	1C1	1C2	1C3	1G	1Y	*f*/Hz
×	×	×	×	×	×	1		
0	0	0	×	×	×	0		
0	0	1	×	×	×	0		
0	1	×	0	×	×	0		
0	1	×	1	×	×	0		

续表

选择端		数据输入端				输出控制端	输出状态	输出频率
B	A	1C0	1C1	1C2	1C3	1G	1Y	f/Hz
1	0	×	×	0	×	0		
1	0	×	×	1	×	0		
1	1	×	×	×	0	0		
1	1	×	×	×	1	0		

4. 七段数码管译码电路

向实验箱上的译码器输入端 1A ~ 1D，2A ~ 2D 分别输入 8421BCD 码，观察两个数码管显示输出的符号。

实验报告

（1）总结译码器和数据选择器的使用体会。

（2）思考：若输入 1010 ~ 1111 码，数码管会显示什么符号？

实验 3　加法运算电路功能测试

实验目的

（1）掌握组合逻辑电路的功能测试。

（2）验证半加器、全加器的逻辑功能。

（3）学会二进制的运算规律。

实验仪器及器件

元器件清单如表 2.12 所示。

表 2.12　元器件清单

型号	元器件名称	数量/片
74LS00	二输入四与非门	3
74LS54	四输入与或非门	1
74LS86	二输入四异或门	1

预习要求

（1）预习组合逻辑电路的分析方法；

（2）预习用与非门和异或门构成的半加器、全加器的工作原理；

（3）预习二进制数的运算。

实验内容

1. 组合逻辑电路功能测试

(1) 用2片74LS00组成如图2.12所示的逻辑电路。为了便于接线和检查，按图2.12中注明的芯片编号及引脚对应的标号接线。

(2) 图2.12中A，B，C接电平开关，Y_1，Y_2接发光管电平显示。

(3) 按表2.13改变A，B，C的状态进行测试，填写表2.13并写出Y_1，Y_2逻辑表达式。

(4) 比较逻辑表达式运算结果与实验结果是否一致。

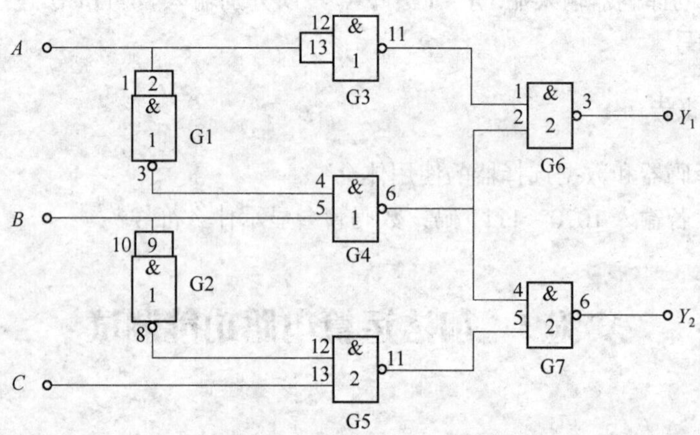

图2.12 组合逻辑电路

表2.13 真值表（一）

输入			输出	
A	B	C	Y_1	Y_2
0	0	0		
0	0	1		
0	1	0		
0	1	1		
1	0	0		
1	0	1		
1	1	0		
1	1	1		

2. 测试用异或门（74LS86）和与非门组成的半加器的逻辑功能

根据半加器的逻辑表达式可知，半加器Y是A，B的异或，而进位Z是A，B的相与，故半加器可用一个集成异或门和两个与非门组成，如图2.13所示。

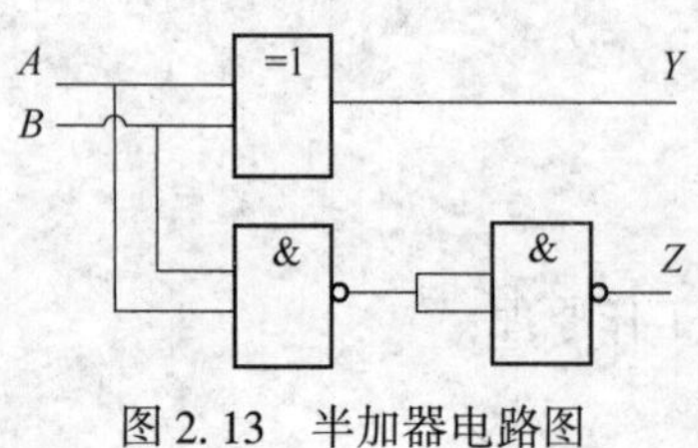

图2.13 半加器电路图

（1）在实验箱上用异或门和与非门接成如图 2. 13 所示的电路。A，B 接电平开关，Y，Z 接电平显示。

（2）按表 2. 14 要求改变 A，B 状态，将实验结果填入表 2. 14 中。

表 2. 14　真值表（二）

输入		输出	
A	B	Y	Z
0	0		
0	1		
1	0		
1	1		

3. 测试全加器的逻辑功能

（1）写出图 2. 14 所示电路对应的逻辑表达式；

（2）根据逻辑表达式列出真值表；

（3）根据真值表画出函数 S_i，C_i 的卡诺图。

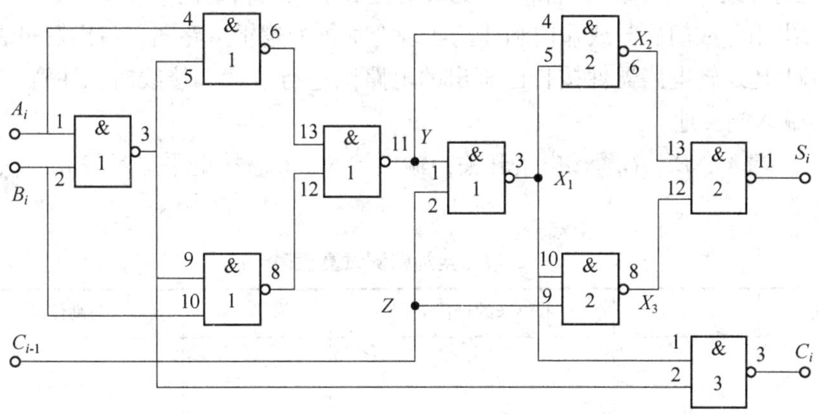

图 2. 14　全加器电路图

（4）将各点状态填入表 2. 15 中。

表 2. 15　全加器状态表

A_i	B_i	C_{i-1}	Y	Z	X_1	X_2	X_3	S_i	C_i
0	0	0							
0	0	1							
0	1	0							
0	1	1							
1	0	0							
1	0	1							
1	1	0							
1	1	1							

(5) 按照原理图选择与非门接线并进行测试。将结果记录在表2.16中，并与表2.15中的数据进行比较，判断逻辑功能是否一致。

表2.16　全加器测试真值表

A_i	B_i	C_{i-1}	S_i	C_i
0	0	0		
0	0	1		
0	1	0		
0	1	1		
1	0	0		
1	0	1		
1	1	0		
1	1	1		

4. 测试用异或门、与或非门和非门组成的全加器的逻辑功能

(1) 画出用异或门、与或非门和非门实现全加器的逻辑电路图，写出逻辑表达式。

(2) 用上述逻辑电路器件按自己画出的电路图进行接线。接线时，注意与或非门中不用的与门输入端接地。

(3) 输入端 A_i，B_i，C_{i-1} 接电平开关，输出端 S_i，C_{i+1} 接电平显示发光二极管，将逻辑状态填入表2.17中。

表2.17　全加器测试真值表

被加数 A_i	加数 B_i	低位来的进位 C_{i-1}	和数 S_i	向高位进位 C_{i+1}
0	0	0		
0	0	1		
0	1	0		
0	1	1		
1	0	0		
1	0	1		
1	1	0		
1	1	1		

实验报告

(1) 整理实验数据，并对实验结果进行分析讨论。

(2) 总结组合逻辑电路的分析方法。

实验 4　触发器功能测试

实验目的

（1）熟悉并掌握触发器的构成、工作原理和功能测试方法。
（2）学会正确使用触发器集成芯片。
（3）了解具有不同逻辑功能的触发器相互转换的方法。

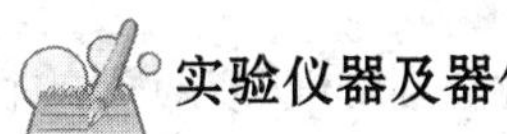

实验仪器及器件

（1）双踪示波器。
（2）元器件（见表 2. 18）。

表 2. 18　元器件清单

型号	元器件名称	数量/片
74LS00	二输入四与非门	1
74LS74	双 D 型触发器	1
74LS112	双 J – K 触发器	1

预习要求

（1）预习各种触发器的电路组成原理、特点及逻辑功能分类。
（2）熟悉所用集成电路的引线位置。

实验内容

1. 基本 R – S 触发器功能测试

将两个 TTL 与非门首尾相接构成基本 R – S 触发器电路，如图 2. 15 所示。

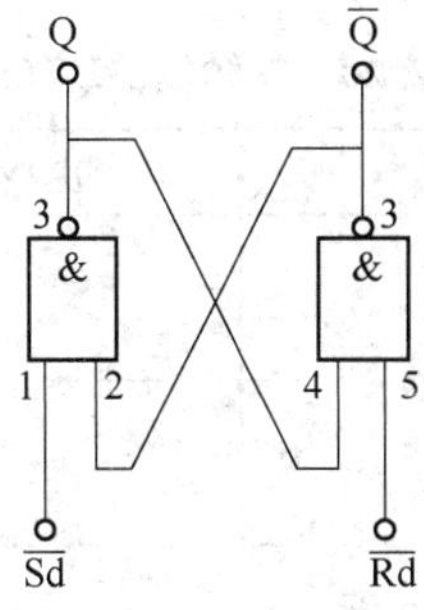

图 2. 15　基本 R – S 触发器电路

（1）按下面的顺序分别在$\overline{Sd}$，$\overline{Rd}$端加信号：

0，0；0，1；1，0；1，1。

观察并记录触发器 Q，$\overline{Q}$ 端的状态，将结果填入表 2.19 中，并说明在上述各种输入状态下，触发器执行什么功能。

表 2.19　基本 R－S 触发器功能表

$\overline{Sd}$	$\overline{Rd}$	Q	$\overline{Q}$	逻辑功能
0	0			
0	1			
1	0			
1	1			

（2）观察下列三种情况下 Q，$\overline{Q}$ 端的状态，总结基本 R－S 触发器的 Q 或 $\overline{Q}$ 端的状态改变和输入端$\overline{Sd}$，$\overline{Rd}$的关系。

①$\overline{Sd}$端接低电平，$\overline{Rd}$端加脉冲（手动单脉冲）；

②$\overline{Sd}$端接高电平，$\overline{Rd}$端加脉冲（手动单脉冲）；

③连接$\overline{Sd}$，$\overline{Rd}$，并加脉冲（手动单脉冲）。

（3）当$\overline{Sd}$，$\overline{Rd}$端都输入低电平时，观察 Q，$\overline{Q}$ 端的状态。当使$\overline{Sd}$，$\overline{Rd}$端同时由低电平跳为高电平时，注意观察 Q，$\overline{Q}$ 端的状态。重复操作 3～5 次，观察 Q，$\overline{Q}$ 端的状态是否相同，以正确理解“不定”状态的含义。

2. 维持－阻塞型 D 触发器功能测试

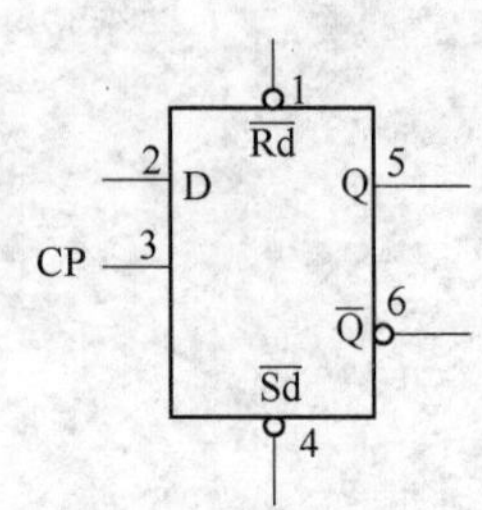

图 2.16　D 触发器的引脚图

D 触发器的引脚图如图 2.16所示，图中$\overline{Sd}$，$\overline{Rd}$端为异步置 1 端和置 0 端（或称异步置位，复位端），CP 端为时钟脉冲端。

（1）在$\overline{Sd}$，$\overline{Rd}$端加低电平，观察并记录 Q，$\overline{Q}$ 端的状态。

（2）在$\overline{Sd}$，$\overline{Rd}$端加高电平，D 端分别接高、低电平，用点动脉冲作为 CP 端输入，观察并记录当 CP 端为 0，↑，1，↓时 Q 端的变化（由低电平跳为高电平和由高电平跳为低电平）。

（3）当$\overline{Sd}$，$\overline{Rd}$端都输入低电平时，CP 端输入低电平（或高电平），改变 D 端信号，观察 Q，$\overline{Q}$ 端的状态是否变化。整理上述实验室数据，将结果填入表 2.20 中。

表 2.20　D 触发器功能表

$\overline{Sd}$	$\overline{Rd}$	CP	D	Q^n	Q^{n+1}
0	0	×	×	0	
				1	
0	1	×	×	0	
				1	
1	0	↑	0	0	
				1	
1	1	↑	1	0	
				1	

(4) 令$\overline{Sd}$，$\overline{Rd}$端输入高电平，将 D 和 $\overline{Q}$ 端相连，CP 端加连续脉冲，用双踪示波器观察并记录 Q 端相对于 CP 端的波形。

3. J－K 触发器功能测试

J－K 触发器引脚图如图 2.17 所示。

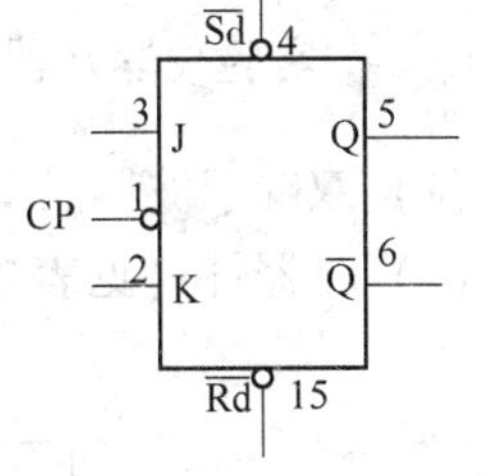

图 2.17　J－K 触发器引脚图

(1) 按表 2.21 给出的控制状态顺序测试其逻辑功能，并将结果填入表 2.21 中。

(2) 令 J，K 端输入高电平，CP 端加连续脉冲，用双踪示波器观察 Q 和 CP 端波形。

表 2.21　J－K 触发器逻辑功能表

$\overline{Sd}$	$\overline{Rd}$	CP	J	K	Q^n	Q^{n+1}
0	0	×	×	×	×	
0	1	×	×	×	×	
1	1	↓	0	×	0	
1	1	↓	1	×	0	
1	1	↓	×	0	1	
1	1	↓	×	1	1	

4. 触发器功能转换

(1) 将 D 触发器和 J－K 触发器转换成 T 触发器，列出表达式，画出实验电路图。

(2) 接入连续脉冲，观察各触发器 CP 及 Q 端波形，并比较两者之间的关系。

(3) 自拟实验数据表并填写。

实验报告

(1) 整理实验数据。

(2) 写出“J－K 触发器功能测试”实验中第 (2) 条的实验步骤及表达式。

(3) 画出“触发器功能转换”实验中的电路图及相应表格。

(4) 总结各类触发器的特点。

实验 5　计数器电路测试及研究

实验目的

(1) 掌握计数器电路的设计及测试方法。

(2) 训练独立进行实验的技能。

实验仪器及器件

（1）双踪示波器。

（2）元器件（见表 2.22）。

表 2.22　元器件清单

型号	元器件名称	数量/片
74LS00	二输入四与非门	1
74LS73	双 J－K 触发器	2
74LS175	四 D 触发器	1
74LS10	三输入三与非门	1

预习要求

（1）预习时序逻辑电路的特点。

（2）熟悉时序逻辑电路的分析及测试方法。

实验内容

1. 异步二进制计数器

（1）按图 2.18 接线。

（2）由 CP 端输入单脉冲，测试并记录 Q1～Q4 端状态及波形（可调连续脉冲）。

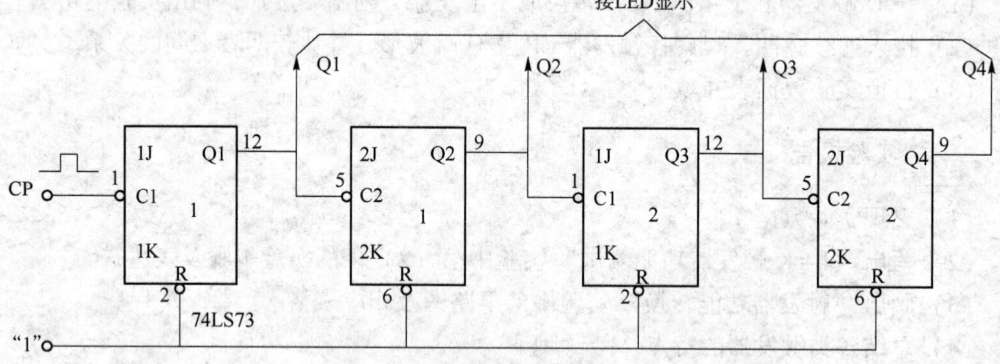

图 2.18　异步二进制计数器电路

2. 异步二－十进制加法计数器

（1）按图 2.19 接线。QA，QB，QC，QD 4 个输出端分别接发光二极管显示，CP 端接连续脉冲或单脉冲。

（2）在 CP 端接连续脉冲，观察 CP，QA，QB，QC，QD 端的输出波形。

（3）画出 CP，QA，QB，QC，QD 端的输出波形。

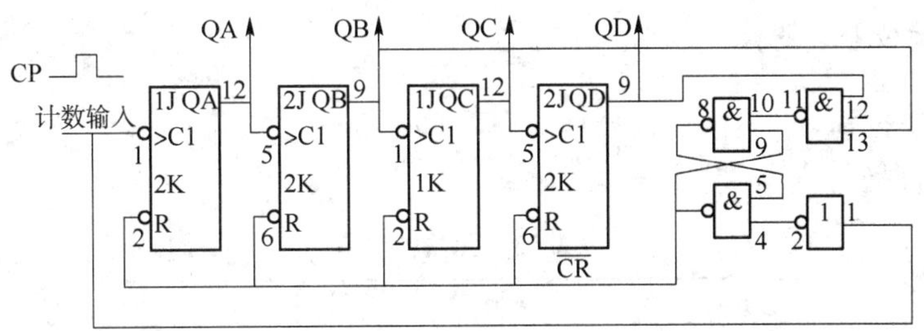

图 2.19　异步二－十进制加法计数器电路

3. 移位寄存器型计数器

（1）按图 2.20 接线构成环形计数器，将 A，B，C，D 置为 1000，用单脉冲计数，记录各触发器状态。

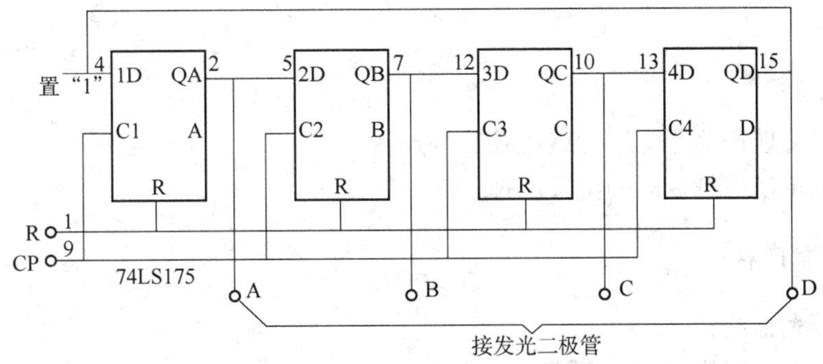

图 2.20　移位寄存器型计数器电路

（2）改为连续脉冲计数，并将其中一个状态为"0"的触发器置为"1"（模拟干扰信号作用的结果），观察计数器能否正常工作，并分析原因。

（3）设计扭环形计数器。在环形计数器的基础上，自行设计扭环形计数器，测试其工作状态变化，并将其与环形计数器进行比较。

 **实验报告**

（1）画出实验内容要求的波形及记录表格。

（2）总结计数器电路的特点。

实验 6　波形产生及单稳态触发器测试

 **实验目的**

（1）熟悉多谐振荡器的电路特点及振荡频率估算方法。

（2）掌握单稳态触发器的使用方法。

实验仪器及器件

(1) 双踪示波器。

(2) 元器件 (见表 2.23)。

表 2.23　元器件清单

型号	元器件名称	数量
74LS00	二输入四与非门	1 片
CD4069	六反相器	1 片
74LS04	六反相器	1 片
10 kΩ	电位器	1 个

预习要求

(1) 预习多谐振荡器电路的组成及其特点。

(2) 熟悉单稳态触发器的工作原理。

实验内容

1. 多谐振荡器测试

(1) 由 CMOS 门构成多谐振荡器，电阻取值一般应满足 $R_1=(2\sim10)R_2$，周期 $T=2.2R_2C$，在实验箱上按图 2.21 接成多谐振荡器，并测试频率范围。

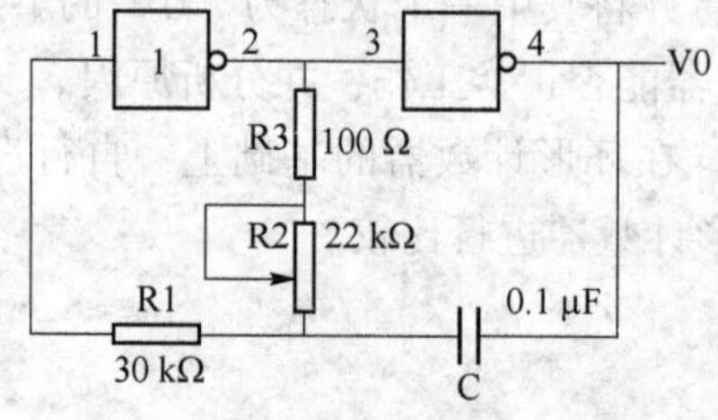

图 2.21　由 CMOS 门构成多谐振荡器

若 C 不变，要想输出 1 kHz 频率波形，计算 R_2 的值并通过实验加以验证，分析误差。若要实现 10 kHz ~ 100 kHz 的频率范围，选用上述电路，自行设计参数并接线进行测试。

(2) 由 TTL 门构成多谐振荡器。按图 2.22 接线，用示波器测量频率变化范围，观察 A、B、V_0 各点波形并加以记录。

2. 单稳态触发器测试

(1) 用一片 74LS00 接成如图 2.23 所示的电路，输入由 CMOS 门电路构成的多谐振荡器所产生的脉冲。

(2) 选 3 个易于观察波形的频率值作为多谐振荡器的频率，分别输入至图 2.23 所示的电路中，用示波器测试和记录 A，B，C 各点波形。

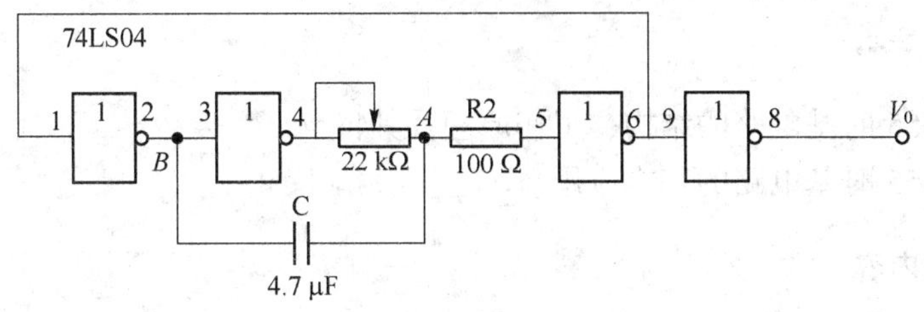

图 2.22　由 TTL 门构成多谐振荡器

(3) 若要改变输出波形宽度（如增加），应如何改变电路参数？用实验验证之。

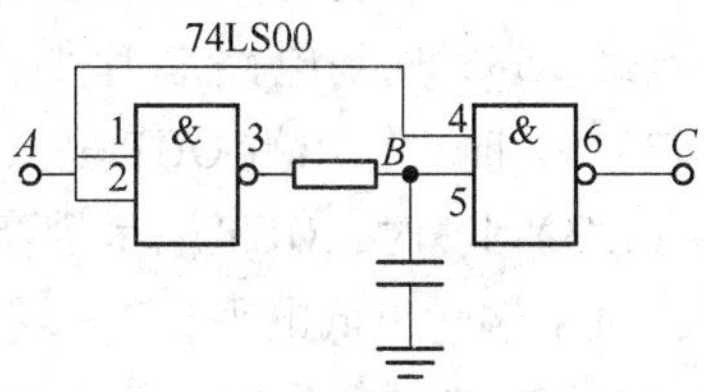

图 2.23　单稳态触发器电路

实验报告

(1) 整理实验数据及波形。

(2) 画出振荡器与单稳态触发器联调实验电路图。

(3) 写出实验中各电路脉宽估算值，并与实验结果进行对照分析。

实验 7　555 时基电路功能测试

实验目的

(1) 掌握 555 时基电路的结构和工作原理，并学会正确使用。

(2) 学会分析和测试用 555 时基电路构成的多谐振荡器、单稳态触发器、R－S 触发器 3 种典型电路。

实验仪器及器件

(1) 双踪示波器。

(2) 元器件（见表 2.24）。

表 2.24　元器件清单

型号	元器件名称	数量
NE556（或 LM556、5G556 等）	双时基电路	1 片
1N4148	二极管	2 只
22 kΩ，1 kΩ	电位器	2 只
—	电阻、电容	若干
—	扬声器	1 个

预习要求

（1）熟悉555时基电路的结构、工作原理及其特点。

（2）掌握555时基电路的基本应用。

实验内容

1. 555时基电路功能测试

本实验所用的555时基电路芯片为NE556，同一芯片上集成了2个各自独立的555时基电路。555时基电路芯片如图2.24所示。TH为高电平触发端，当TH端电平大于（2/3）V_{CC}时，输出端OUT呈低电平，DIS端导通。TR为低电平触发端，当TR端电平小于（1/3）V_{CC}时，OUT端呈现高电平，DIS端关断。R端为复位端，当R端输入低电平时，OUT端输出低电平，DIS端导通。VC端为控制电压端，VC端接不同的电压值可以改变TH，TR端的触发电平值。DIS端为放电端，其导通或关断为RC回路提供了放电或充电的通路。

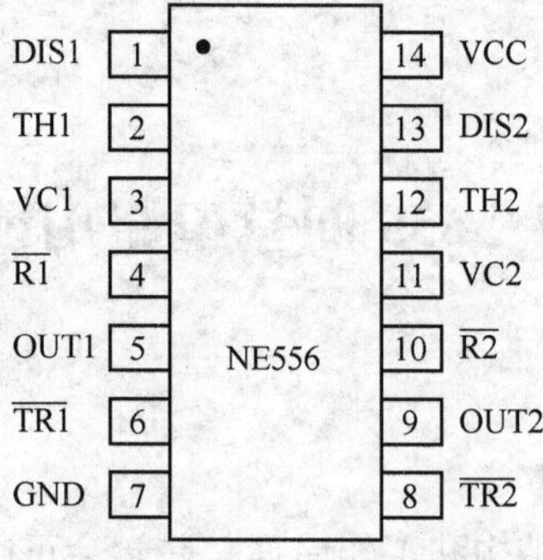

图2.24　555时基电路芯片

555时基电路图如图2.25所示，555时基电路芯片功能表如表2.25所示，测试步骤如下。

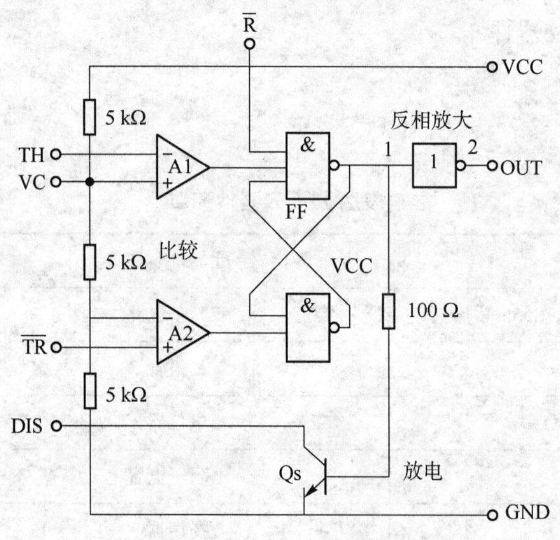

图2.25　555时基电路图

表 2.25　555 时基电路芯片功能表

TH	$\overline{TR}$	$\overline{R}$	OUT	DIS
×	×	0	0	导通
$>\frac{2}{3}V_{CC}$	$>\frac{1}{3}V_{CC}$	1	0	导通
$<\frac{2}{3}V_{CC}$	$>\frac{1}{3}V_{CC}$	1	原状态	原状态
$<\frac{2}{3}V_{CC}$	$<\frac{1}{3}V_{CC}$	1	1	关断

（1）按图 2.26 接线，可调电压取自电位器分压器；

（2）按表 2.25 逐项测试其功能并加以记录。

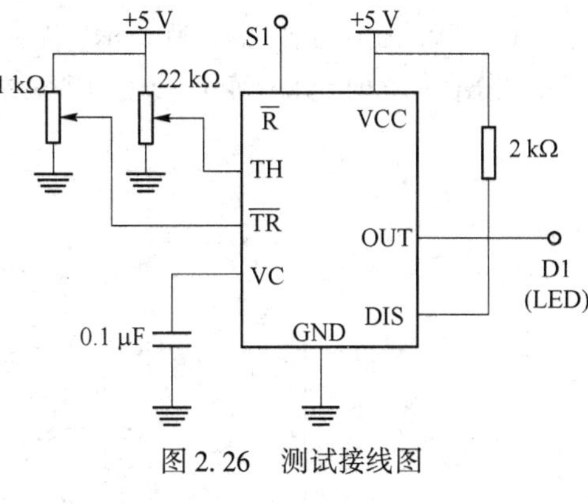

图 2.26　测试接线图

2. 由 555 时基电路构成的多谐振荡器

多谐振荡器电路如图 2.27 所示。

（1）按图 2.27 接线，图中元器件参数如下：$R_1=15\ \text{k}\Omega$，$R_2=5\ \text{k}\Omega$，$C_1=0.033\ \mu\text{F}$，$C_2=0.1\ \mu\text{F}$。

（2）用示波器观察并测量 OUT 端波形的频率。将测量值和理论估算值进行比较，求频率的相对误差值。

（3）若将电阻值改为 $R_1=15\ \text{k}\Omega$，$R_2=10\ \text{k}\Omega$，电容 C 不变，上述的数据有何变化？

（4）根据上述电路的原理，充电回路的支路是 R1—R2—C1，放电回路的支路是 R2—C1，将电路略作修改，增加 1 个电位器 Rp 和 2 个引导二极管，构成如图 2.28 所示的占空比可调的多谐振荡器电路。

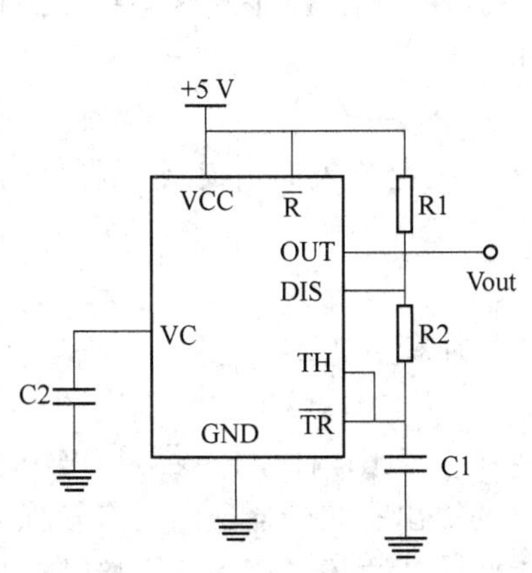

图 2.27　多谐振荡器电路

图 2.28　占空比可调的多谐振荡器电路

其占空比 $q=\frac{R_1 R_2}{R_1}$，改变 R_p 的位置，可调节 q 值。合理选择元器件参数（电位器选用22 kΩ），使电路的占空比 $q=0.2$，调试正脉冲宽度为0.2 ms。调试电路，测出所用元器件的数值，估算电路误差。

3. 由555时基电路构成的单稳态触发器

单稳态触发器电路如图2.29所示。

（1）按图2.29接线，图中 $R=10$ kΩ，$C_1=0.01$ μF，当输入端 V_1 输入的是频率约为10 kHz的方波时，用双踪示波器观察OUT端相对于V1端的波形，并测出输出脉冲的宽度TW。

（2）调节V1端输入信号的频率，分析并记录观察到的OUT端波形的变化。

（3）若想使TW=10 μs，怎样调整电路？测出此时各有关参数的值。

4. 由555时基电路构成的R－S触发器

R－S触发器电路如图2.30所示。先令VC端悬空，调节R，$\overline{\text{S}}$端的输入电平值，观察OUT端的状态在什么时刻由0变1，或由1变0？当OUT端的状态切换时，测量R，$\overline{\text{S}}$端的电平值。

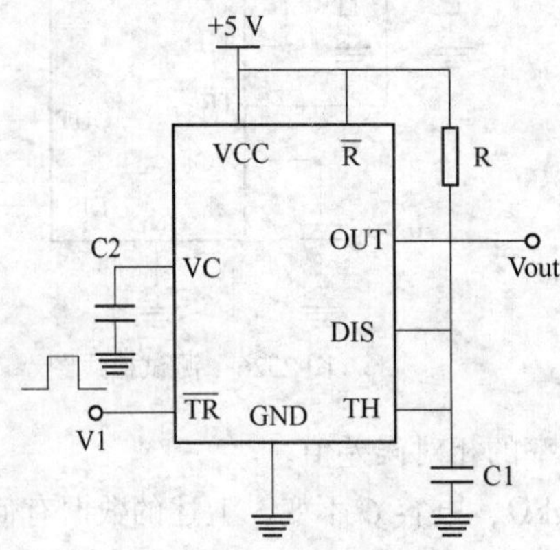

图2.29　单稳态触发器电路

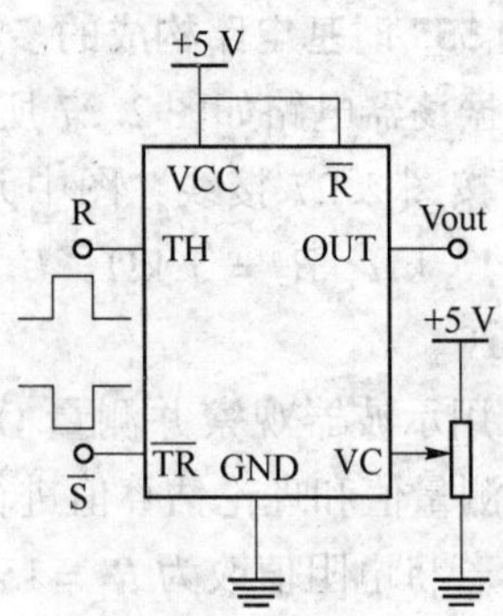

图2.30　R－S触发器电路

若想保持OUT端的状态不变，用实验法测定R，$\overline{\text{S}}$端应在什么电平范围内？整理实验数据，列出真值表。

若在VC端加直流电压 U_c，并令 U_c 分别为2V，4V，测出OUT端状态在保持和切换时，R，$\overline{\text{S}}$端应加的电压值是多少？试用实验法测定。

5. 应用电路

由555时基电路组成的警铃电路如图2.31所示。确定图2.31中未定元器件的参数，按图接线，注意先不接扬声器。

（1）用示波器观察输出波形并做好记录。

（2）接上扬声器，调整参数，直到声响效果令人满意时为止。

6. 时基电路使用说明

556定时器的电源电压范围较宽，可在+5～+16 V范围内使用（若为CMOS的555时基电路芯片，则电压范围为+3～+18 V）。电路的输出有缓冲器，因而有较强的带负载能力，双极性定时器最大的灌电流和拉电流都在200 mA左右，因而可直接带动TTL或CMOS电路中的各种电路。本实验所使用的电源电压 $V_{CC}=+5$ V。

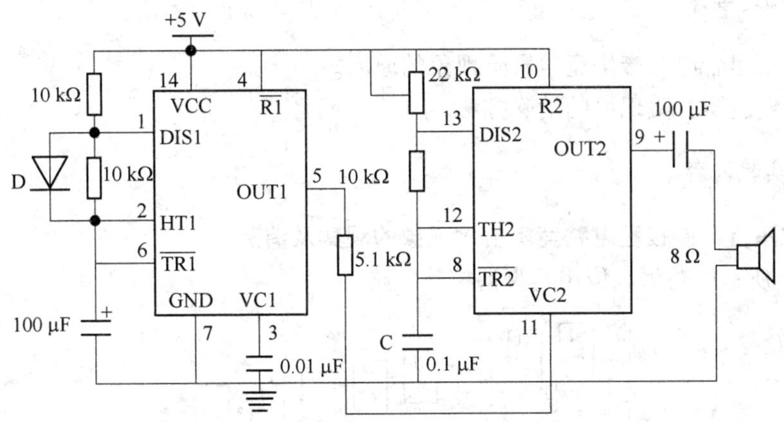

图 2.31　由 555 时基电路组成的警铃电路

实验报告

(1) 按实验要求整理实验数据。

(2) 画出实验中相应的波形图。

(3) 对于“应用电路”部分，画出最终的电路图并标出各元器件参数。

(4) 总结 555 时基电路的基本电路及其使用方法。

实验 8　竞争冒险现象研究

实验目的

通过实验观察组合电路中存在的竞争冒险现象，学会用实验手段消除竞争冒险对电路的影响。

实验仪器及器件

元器件清单如表 2.26 所示。

表 2.26　元器件清单

型号	元器件名称	数量/片
74LS86	二输入四异或门	2
74LS10	三输入三与非门	2
74LS20	四输入双与非门	1

(1) 了解组合电路产生竞争冒险现象的原因。

(2) 了解竞争冒险现象的消除方法。

1. 八位串行奇偶校验电路竞争冒险现象的观察及消除

图 2.32 所示电路为八位串行奇偶校验电路。

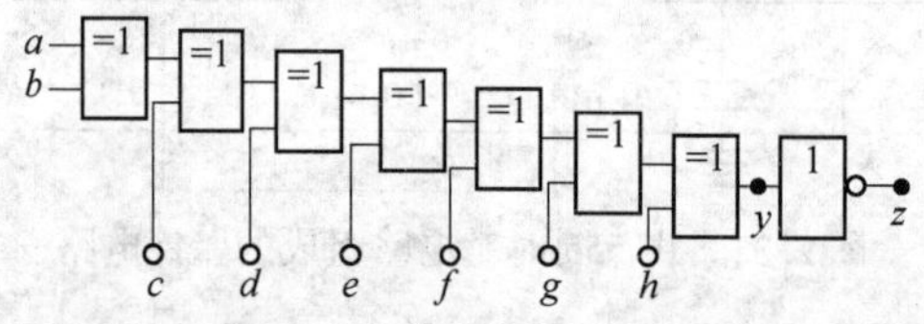

图 2.32 八位串行奇偶校验电路

(1) 测试电路的逻辑功能。a，b，…，g，h 端分别接逻辑开关 K1 ~ K8，z 接发光二极管。改变 K1 ~ K8 的状态，观察并记录 z 的变化。

(2) a 端接脉冲，b，c，…，h 端接高电平，用示波器观察并记录 a 和 y 端的波形，测出信号经七级异或门的延迟时间。

(3) a 和 h 端接同一脉冲，b，c，…，g 端接高电平，观察并记录 a 和 y 端的波形，并说明 y 端的波形有何异常现象。

(4) 若采用加电容的办法来消除此异常现象，则电容应接在何处？

(5) 测出门电路的阈值电压 VT，若设门的输出电阻 $R_0 \approx 100\ \Omega$，估算电容值的大小。

(6) 用实验法测出消除上述异常现象所需的电容值，并说明产生误差的原因。

2. 组合电路竞争冒险现象的观察及消除

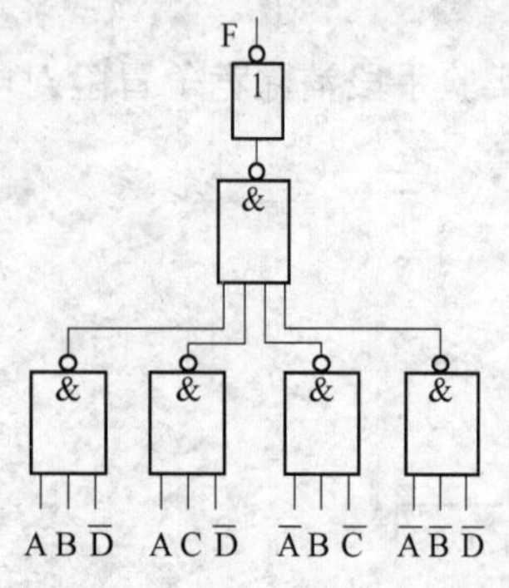

图 2.33 组合电路

组合电路如图 2.33 所示。

(1) 测试电路功能，将结果列在真值表中。

(2) 用实验法测定在信号变化过程中，竞争冒险在何处？什么时刻可能出现？

(3) 用校正项的办法来消除竞争冒险，则电路应怎样修改？

(4) 画出修改后的电路，并用实验验证之。

(5) 若改用加滤波电容的办法来消除竞争冒险，则电容应加在何处？其值约为多大？试通过实验验证之。

思考题

(1) 什么叫组合电路的竞争冒险现象？它是怎样产生的？通常可用哪几种办法消除竞争冒险现象？

(2) 较为简单的消除竞争冒险现象的办法是哪种？使用时应注意什么问题？

实验 9　寄存器及其应用

实验目的

通过实验进一步熟悉寄存器的工作原理，熟悉和了解寄存器芯片的功能测试及其应用电路，学会正确使用集成寄存器的电路。

实验仪器及器件

元器件清单如表 2.27 所示。

表 2.27　元器件清单

型号	元器件名称	数量/片
74LS00	二输入四与非门	1
74LS194	4 位双向移位寄存器	4
74LS373	8D 型锁存器	1
74LS74	双上升沿 D 触发器	1

预习要求

(1) 熟悉锁存器和移位寄存器的逻辑功能和使用方法。

(2) 预习锁存器和移位寄存器分别在双向总线驱动器和串行 – 并行转换中的应用。

实验内容

1. 8D 型锁存器功能测试

图 2.34 为 74LS373 芯片，该芯片具有下述性能：

(1) 内部具有 8 个锁存触发器；

(2) 三态输出；

(3) 脉冲输入端采用具有施密特特性的门电路，以减少噪声干扰；

(4) 能并行输入，输出 8 位二进制数据。

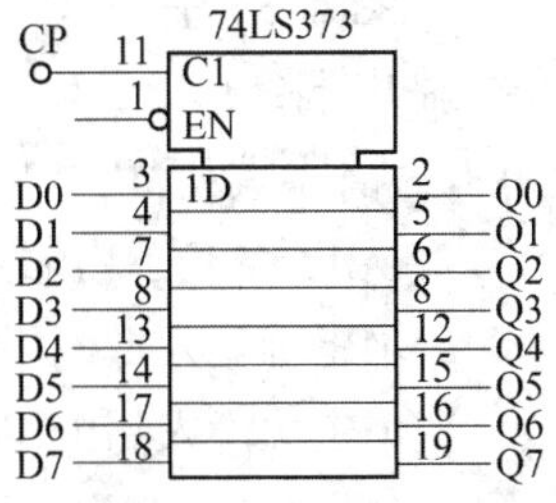

图 2.34　74LS373 芯片

【练习】学生自行完成芯片的接线，测试其功能，并将结果列在功能表中。

2. 8D 型锁存器的应用电路

图 2. 35 所示电路为由 74LS373 芯片构成的双向总线驱动器。

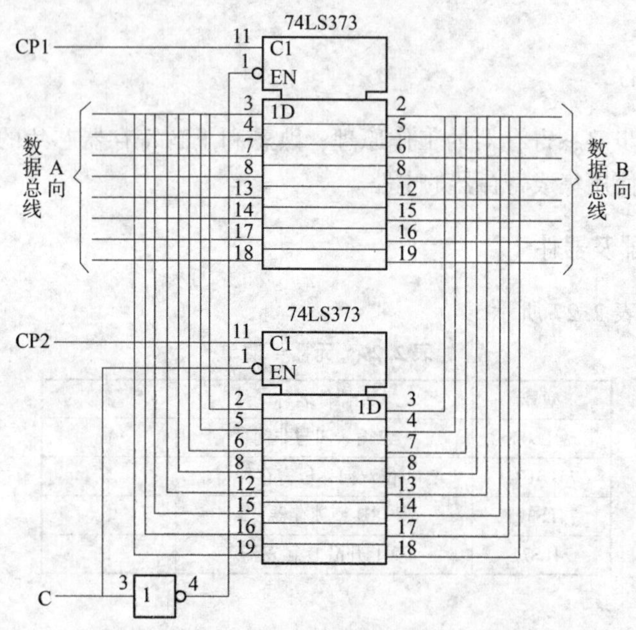

图 2. 35 由 74LS373 芯片构成的双向总线驱动器

由图 2. 35 可知，当 C 端输入高电平时，在 CP1 的作用下，数据自 A 向 B 方向传送；而当 C 端输入低电平时，在 CP2 的作用下，数据自 B 向 A 方向传送，从而通过控制 C 端的状态和 CP1，CP2 脉冲的作用时刻实现数据的双向传送。两芯片的使能端 E 也可单独控制，当 E 端都输入高电平时，数据总线 A，B 向均被切断。

【练习】学生自行完成电路的接线，验证电路的功能。

3. 移位寄存器功能测试

74LS194 芯片如图 2. 36 所示，该芯片具有下述性能：

（1）具有 4 位串入、并入与并出结构；

（2）脉冲上升沿触发，可完成同步并入、串入左移位、右移位和保持四种功能；

（3）有直接清零端 $\overline{CR}$。

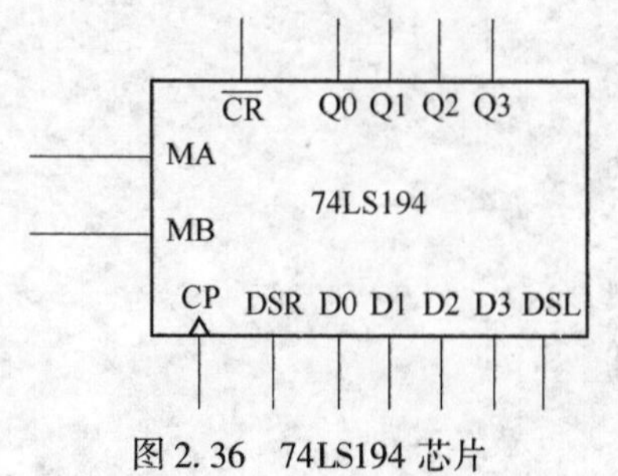

图 2. 36 74LS194 芯片

图 2. 36 中 D0 ~ D3 为并行输入端，Q0 ~ Q3 为并行输出端；DSR，DSL 分别为右移、左移串行输入端；$\overline{CR}$ 为清零端；MB，MA 为方式控制端，作用如下：

MB，MA 端均输入低电平，保持；

MB 端输入低电平、MA 端输入高电平，右移操作；

MB 端输入高电平、MA 端输入低电平，左移操作；

MB，MA 端均输入高电平，并行送数。

学生应熟悉各引脚的功能，完成芯片的接线，测试74LS194的功能，并将结果填入表2.28中。

表2.28　74LS194功能表

$\overline{CR}$	MB	MA	CP	DSR	DSL	D0	D1	D2	D3	Q0	Q1	Q2	Q3
0	×	×	×	×	×	×	×	×	×				
1	×	×	0	×	×	×	×	×	×				
1	1	1	↑	×	×	d0	d1	d2	d3				
1	0	1	↑	1	×	×	×	×	×				
1	0	1	↑	0	×	×	×	×	×				
1	1	0	↑	×	1	×	×	×	×				
1	1	0	↑	×	0	×	×	×	×				
1	0	0	×	×	×	×	×	×	×				

4. 移位寄存器的应用

1）由74LS194芯片构成的8位移位寄存器

由2片74LS194芯片构成的8位移位寄存器如图2.37所示。当MBMA的取值分别为00，01，10，11时，逐一检测电路的功能，结果列在功能表中。

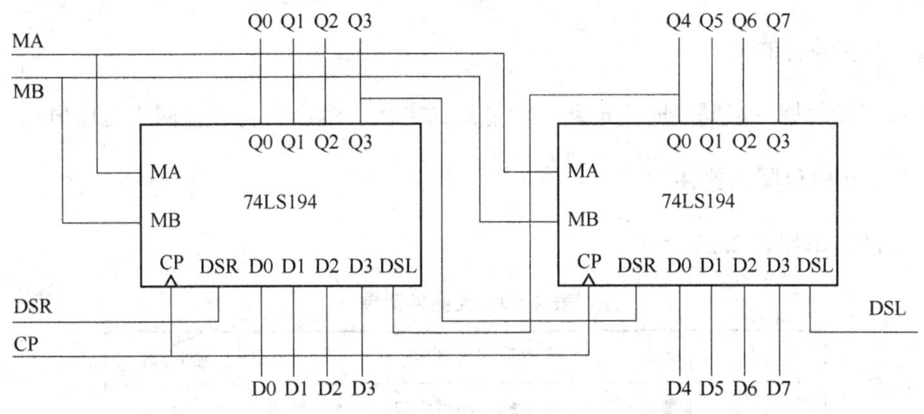

图2.37　由2片74LS194芯片构成的8位移位寄存器

2）由74LS194芯片构成的8位串行转换电路

由74LS194芯片构成的8位串行转换电路如图2.38所示，图中74LS194（1）、74LS194（2）和DFF实现8位串行－并行转换，74LS194（3）、74LS194（4）作为数据寄存。电路的输出端Q0～Q7接8位发光二极管显示状态。

选择下列几组串行数码输入，观察并记录电路的输出状态。

110011，0011；200011，1011；311101，1010；410101，1000。

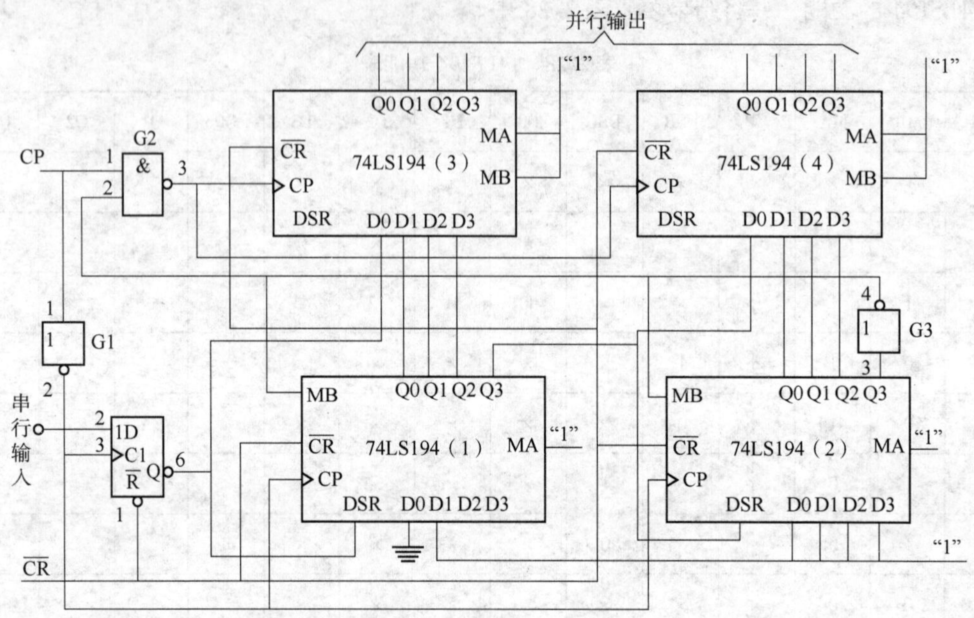

图 2.38　由 74LS194 芯片构成的 8 位串行转换电路

实验 10　同步时序电路应用

实验目的

通过实验掌握一般同步时序电路的功能测试方法，学会自行设计同步时序电路。

实验仪器及器件

元器件清单如表 2. 29 所示。

表 2. 29　元器件清单

型号	元器件名称	数量/片
74LS00	二输入四与非门	1
74LS86	二输入四异或门	1
74LS112	双下降沿 J－K 触发器	1
74LS51	2 路 3－3 输入/2 路 2－2 输入与或非门	1

预习要求

熟悉同步时序电路的功能测试和设计方法。

实验内容

1. 同步时序电路的功能测试

图 2. 39 所示电路为一般的同步时序电路，图中 X 为输入量，Z 为电路的输出。FF1、FF2 采用 74LS112 触发器。按图 2. 39 完成电路的接线，用点动脉冲作为时钟 CP，测试电路的功能，并将结果以状态转换图形式呈现出来。

2. 同步时序电路的设计

图 2. 40 所示为某同步时序电路的状态转换图，图中 Y，X 为输入量，S，P 为输出量。图 2. 40 中 S0 ~ S3 的状态分别取这两个触发器的输出 Q2 和 Q1 的组合值（00，01，10，11）。

【练习】 试自行设计该时序电路，并完成电路的接线。按状态图给定的条件，逐一测试电路的功能。

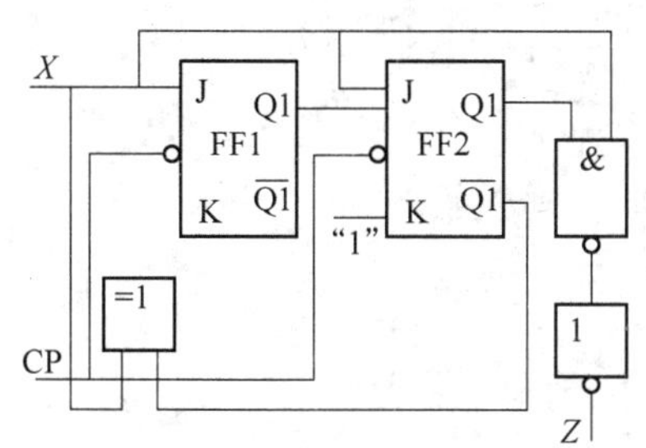

图 2. 39　同步时序电路

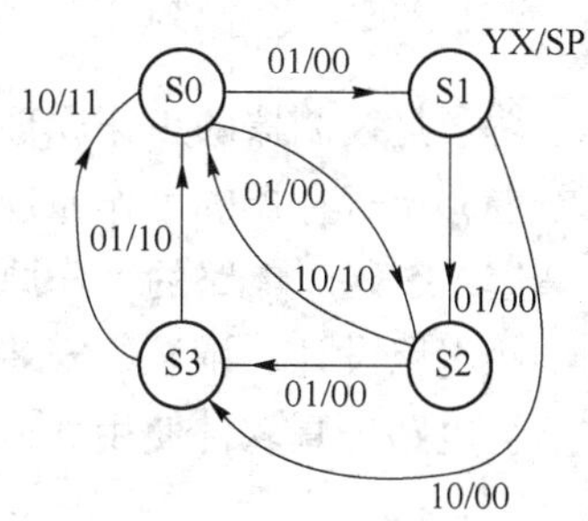

图 2. 40　状态转换图

思考题

（1）同步时序电路的特点是什么？它和一般的计数电路相比，有什么不同？若仅在电路的 CP 端加脉冲，电路的状态和输出都不变化，是否能确定该电路此时一定处在无效状态情况下？

（2）在设计同步时序电路时，怎样确定电路的状态编码？试改变图 2. 40 中 S0 ~ S3 的状态编码，重新设计电路，则哪个电路更好些？

第 3 章　综合设计实验

实验 1　简易彩灯控制器设计

设计目的

（1）了解彩灯控制器的工作原理。

（2）掌握移位寄存器的工作原理及其应用。

（3）掌握 555 定时电路的工作原理及其应用。

（4）学会电路设计、调试、安装方法及流程。

（5）学会电路仿真软件使用。

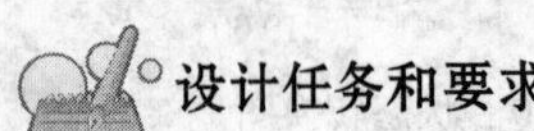

设计任务和要求

在文艺及休闲娱乐场所，各种图案的彩灯相互映照，不仅增加了欢快的气氛，且给人以美的享受。彩灯控制器使构成一定图案的彩灯按照人们的要求，依照一定的规律周期性地发生亮暗变化，形成多姿多彩的光学效果。彩灯控制器的原理框图如图 3.1 所示。脉冲信号发生器产生一定频率的矩形波电压信号，在控制器的控制下，彩灯按一定的规律呈周期性的或点亮或熄灭或闪烁。

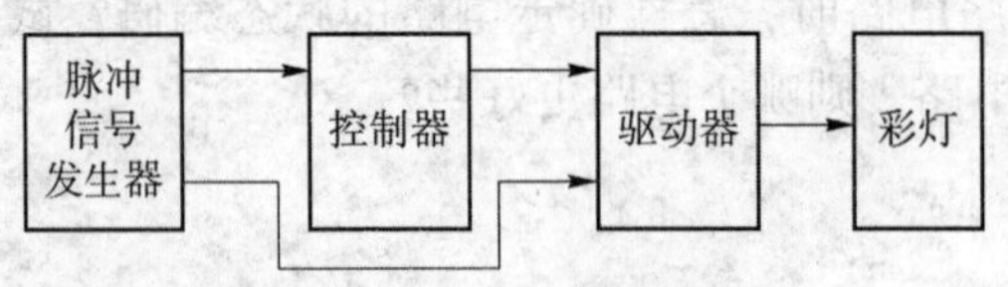

图 3.1　彩灯控制器的原理框图

请设计一个彩灯控制器，要求如下：

（1）由 8 只彩灯（发光二极管）组成图案；

（2）自左至右逐个点亮至全亮，然后逐个熄灭至全灭；

（3）自右至左逐个点亮至全亮，然后逐个熄灭至全灭；

（4）8 只彩灯依次同时亮、灭、亮、灭；

（5）彩灯按上述（2）、(3)、(4）要求依次发生周期性变换，亮暗间隔 0.5 s 左右，并且根据需要可以调整。

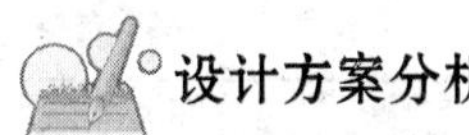

设计方案分析

整体电路可以分为时钟脉冲信号产生电路、时序控制电路。

1. 时钟脉冲信号产生电路

由彩灯亮暗间隔时间要求可知，时钟脉冲频率很低，用555定时器组成频率可以微调的多谐振荡器比较合适。555定时器的引脚图及多谐振荡器电路原理图如图3.2所示。

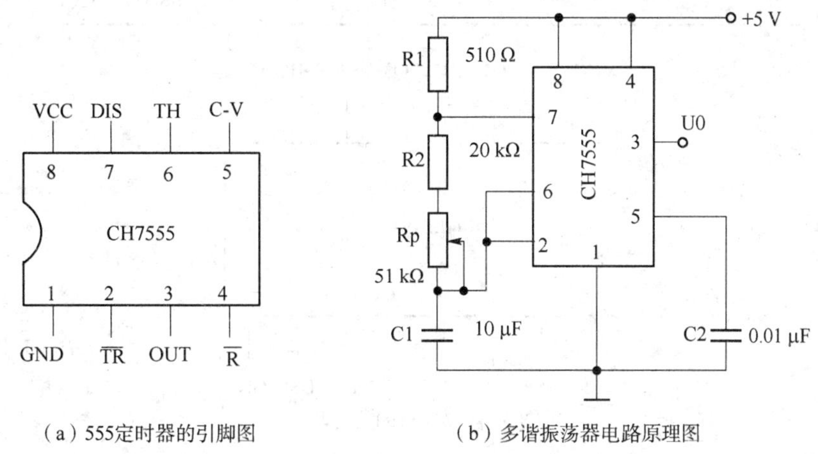

（a）555定时器的引脚图　　（b）多谐振荡器电路原理图

图3.2　时钟脉冲信号产生电路

高电平时间 $t_1=0.7(R_1+R_2+R_p)C_1=0.5\ \text{s}$，低电平时间 $t_2=0.7(R_2+R_p)C_1=0.5\ \text{s}$，满足设计要求。调节 R_p，可以调节彩灯亮暗间隔。

2. 时序控制电路

1）彩灯驱动

这是整体电路的核心。根据彩灯的数量及顺序亮暗的变化情况，可以考虑选用2片4位双向移位寄存器构成8位双向移位寄存器。寄存器的输出端直接驱动发光二极管。移位寄存器选用74LS194，其真值表见表3.1，其引脚图如图3.3所示。移位寄存器驱动彩灯电路如图3.4所示。

表3.1　74LS194真值表

功能	输入										输出			
	CR	S1	S0	CP	DSL	DSR	D0	D1	D2	D3	Q0	Q1	Q2	Q3
清除	0	×	×	×	×	×	×	×	×	×	0	0	0	0
保持	1	×	×	0	×	×	×	×	×	×	Q0	Q1	Q2	Q3
送数	1	1	1	↑	×	×	D0	D1	D2	D3	D0	D1	D2	D3
右移	1	0	1	↑	×	1	×	×	×	×	1	Q0	Q1	Q2
	1	0	1	↑	×	0	×	×	×	×	0	Q0	Q1	Q2

续表

功能	输入										输出			
	CR	S1	S0	CP	DSL	DSR	D0	D1	D2	D3	Q0	Q1	Q2	Q3
左移	1	1	0	↑	1	×	×	×	×	×	Q1	Q2	Q3	1
	1	1	0	↑	0	×	×	×	×	×	Q1	Q2	Q3	0
保持	1	0	0	↑	×	×	×	×	×	×	Q0	Q1	Q2	Q3

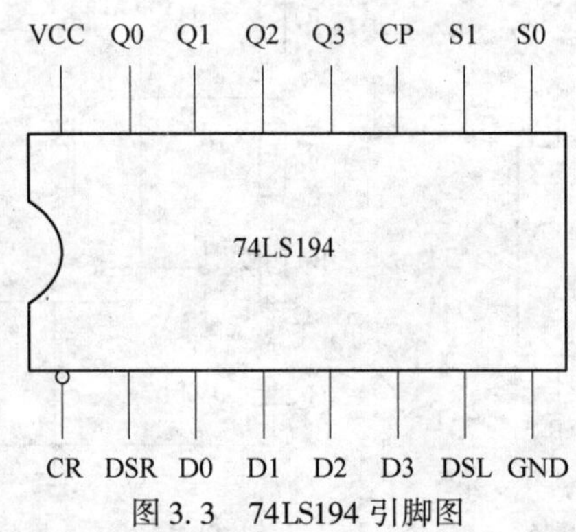

图 3.3　74LS194 引脚图

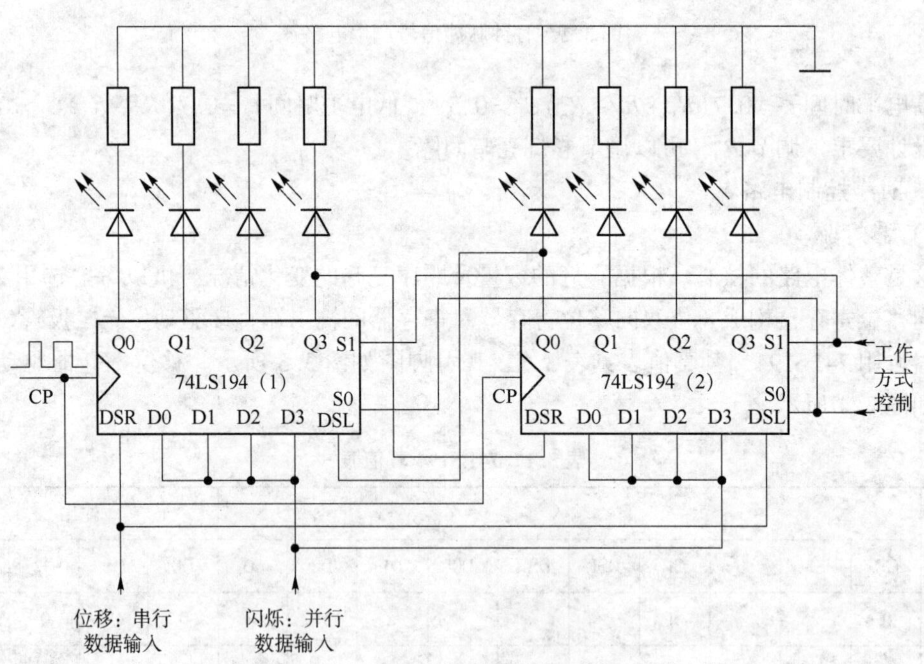

图 3.4　移位寄存器驱动彩灯电路

2）移位寄存器的控制

根据设计要求，一个循环周期需要 36 个 CP 脉冲（右移 16 个，左移 16 个，闪烁 4 个），这可以通过计数器来实现。选用 74LS161 来产生移位寄存器的控制信号，控制电路如图 3.5 所示。

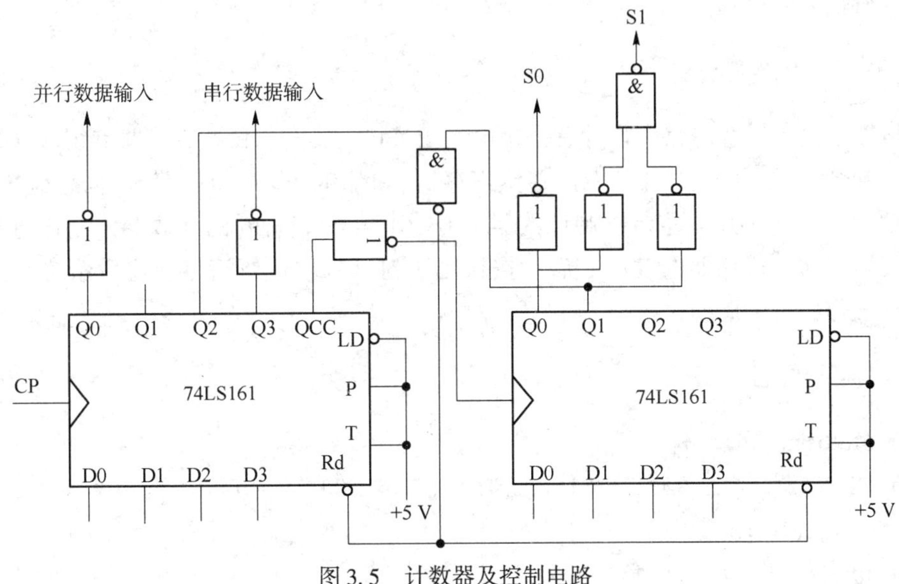

图 3.5　计数器及控制电路

74LS161 是异步清零的四位二进制加法计数器，其引脚图如图 3.6 所示。74LS161 的真值表如表 3.2 所示。

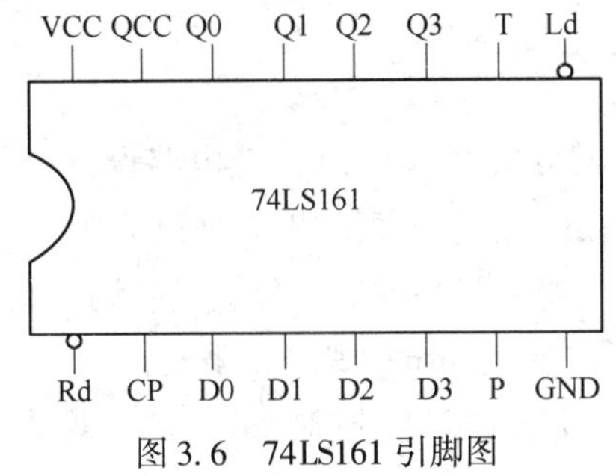

图 3.6　74LS161 引脚图

表 3.2　74LS161 真值表

Rd	Ld	P	T	CP	功能
0	×	×	×	×	清零
1	0	×	×	↑	置数
1	1	1	1	↑	计数
1	1	0	×	×	保持
1	1	×	0	×	保持

QCC 是进位输出端，当计数器计数到最大值时，$Q_{CC}=1$，否则 $Q_{CC}=0$。

由图 3.4 可知，移位寄存器的并行数据输入 $D=D_3D_2D_1D_0=\overline{Q}_{10}$，串行数据输入 $D_{SR}=D_{SL}=\overline{Q}_{13}$，工作方式控制端 $S_0=\overline{Q}_{20}$，$S_1=Q_{20}+Q_{21}$。计数器的清零端 $R_d=\overline{Q_{21}Q_{12}}$。

请自行分析信号时序图。

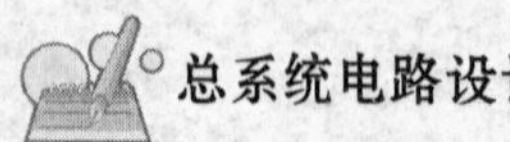

总系统电路设计

请根据上述各模块电路，设计总系统电路图。设计提示：由555定时器组成0.3～1 s可调的时钟脉冲源；由2片4位双向移位寄存器74LS194级联组成8位双向移位寄存器，直接驱动LED；由2片4位二进制计数器74LS161组成$M=36$的计数器，配合与非门及反相器实施对移位寄存器的控制。启动按钮用于对计数器进行清零，此后系统按照功能要求循环工作，一个周期含36个脉冲。

可用器材

（1）Multisim仿真软件。

（2）CH7555、74LS194、74LS161、74LS04、74LS00等门电路。

（3）电容（10 μF、0.01 μF）。

（4）电阻（510 Ω、10 kΩ、20 kΩ）。

（5）电位器（51 kΩ）。

（6）发光二极管。

（7）复位开关。

实验步骤及实验报告要求

（1）请先完成“设计方案分析”和“总系统电路设计”中的相关内容，并用Multisim仿真软件对总系统进行仿真，记录仿真结果并加以分析。

（2）画出电路图，搭建实物电路并调试。分级安装调试步骤如下。

①时钟脉冲源调试：调节电位器Rp，观察频率变化。

②移位寄存器及发光二极管调试：控制S0，S1，观察其在CP作用下是否正常工作。

③计数器及控制电路调试：在CP作用下，观察输出端电位变化情况（通过LED）。

④整机调试。

（3）详细记录实验结果，对照设计要求验证功能是否能够实现。

（4）记录和分析实验过程中出现的故障和问题。

（5）实验报告中应包含上述内容和实验总结。

实验2　数字电子钟设计

设计目的

（1）了解数字电子钟的工作原理。

（2）掌握任意进制计数器的工作原理及其应用。

（3）掌握 555 定时电路的工作原理及其应用。

（4）学会电路设计、调试、安装方法及流程。

（5）学会使用电路仿真软件。

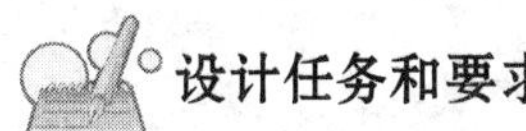

设计任务和要求

数字电子钟是一种用数字显示秒、分、时、日的计时装置，与传统的机械钟相比，它具有走时准确、显示直观、无机械传动装置等优点，因而得到了广泛的应用。

数字电子钟的电路组成方框图如图 3.7 所示。由图 3.7 可见，数字电子钟由以下几部分组成：由晶体振荡器和分频器组成的秒脉冲发生器；校时电路；60 进制秒、分计数器，24 进制（或 12 进制）时计数器；秒、分、时的译码显示部分等。

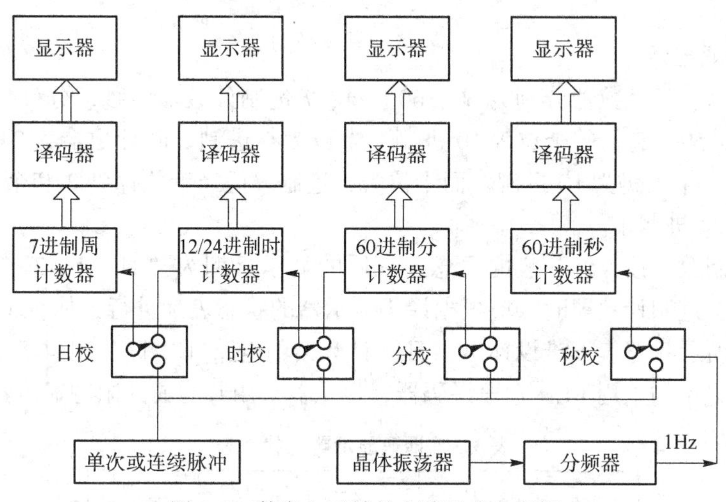

图 3.7　数字电子钟的电路组成方框图

请用中、小规模集成电路仿真设计一台能显示日、时、分、秒的数字电子钟，要求如下。

（1）由晶振电路产生 1Hz 标准秒信号。

（2）秒、分为 00 ~ 59 60 进制计数器。

（3）时为 00 ~ 23 24 进制计数器。

（4）周的日期显示数字为“日、1、2、3、4、5、6”（日用数字 8 代替），因此周计数器是 7 进制数计数器。

（5）可手动校时：能分别进行秒、分、时、日的校时。只要将开关置于手动位置，可分别对秒、分、时、日进行手动脉冲输入调整或连续脉冲输入的校正。

（6）整点报时：整点报时电路要求在每个整点前鸣叫 5 次低音（500 Hz），整点时再鸣叫一次高音（1 kHz）。

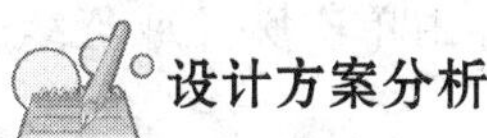

设计方案分析

根据设计任务和要求，对照图 3.7，可以分以下几部分进行模块化设计。

1. 秒脉冲发生器

脉冲发生器是数字电子钟的核心部分，它的精度和稳定度决定了数字电子钟的质量，通常用晶体振荡器发出的脉冲经过整形、分频获得 1 Hz 的秒脉冲。如晶振频率为 32 768 Hz，通过 15 次二分频后可获得 1 Hz 的脉冲输出。秒脉冲发生器电路图如图 3.8 所示。

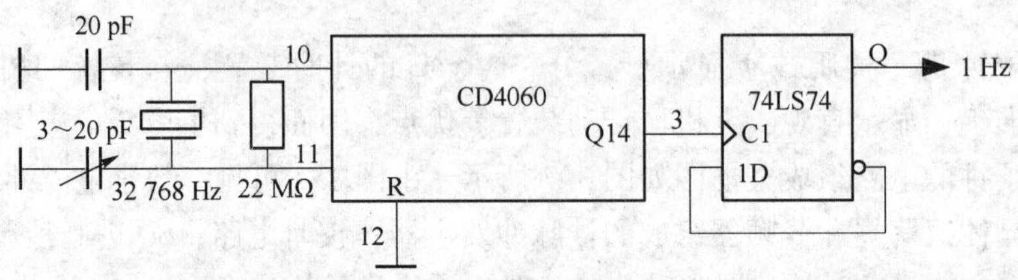

图 3.8　秒脉冲发生器电路图

2. 计数译码显示

秒、分、时、日计数器分别为 60、60、24、7 进制计数器。秒、分计数器均为 60 进制，即显示00 ~ 59，它们的个位为 10 进制，十位为 6 进制。时计数器为 24 进制计数器，显示为 00 ~ 23，个位仍为 10 进制，而十位为 3 进制。但当十位计到 2 和个位计到 4 时计数清零，就为 24 进制了。

周为 7 进制数，按人们一般的概念，一周的显示日期为“日、1、2、3、4、5、6”，所以设计这个 7 进制计数器时，应根据译码显示器的状态表来进行，如表 3.3 所示。

按表 3.3 所示状态表不难设计出“日”计数器的电路（“日”用数字 8 代替）。所有计数器的译码显示均采用 BCD 七段译码器，显示器采用共阴或共阳的显示器。

表 3.3　译码显示器的状态表

Q4	Q3	Q2	Q1	显示
1	0	0	0	日
0	0	0	1	1
0	0	1	0	2
0	0	1	1	3
0	1	0	0	4
0	1	0	1	5
0	1	1	0	6

3. 校时电路

在刚刚开机接通电源时，由于日、时、分、秒为任意值，所以需要进行调整。置开关在手动位置，分别对时、分、秒、日进行单独计数，计数脉冲由单次脉冲或连续脉冲输入。

4. 整点报时电路

当时计数器在每次计到整点前 6 秒时，需要报时，这可用译码电路来解决。即当分为

59 时，则秒计数器在计数到 54 时，输出一延时高电平去打开低音与门，使报时声按 500 Hz频率鸣叫 5 声，直至秒计数器计到 58 时，结束这高电平脉冲；当秒计数器计数到 59 时，则去驱动高音 1 kHz 频率输出而鸣叫 1 声。

总系统电路设计

1. 秒脉冲电路

由晶振的标称频率 32 768 Hz 经石英钟内部 14 分频器分频为 2 Hz 信号，再经一次分频，即得 1 Hz 标准秒脉冲，供时钟计数器用。

2. 单次脉冲、连续脉冲

这主要供手动校时用。若开关 K1 打在单次端，要调整日、时、分、秒即可按单次脉冲进行校正。如 K1 在单次，K2 在手动，则此时按动单次脉冲键，使周计数器从星期一到星期日计数。若开关 K1 处于连续端，则校正时，不需要按动单次脉冲即可进行校正。单次、连续脉冲均由门电路构成。

3. 秒、分、时、日计数器

这一部分电路均使用中规模集成电路 74LS161 实现秒、分、时的计数，其中秒、分计数器为 60 进制，时计数器为 24 进制。秒、分两组计数器电路设计可以相同，当计数到 59 时，再来一个脉冲变成 00，然后再重新开始计数。用“异步清零”反馈到芯片的清零端，从而实现个位 10 进制，十位 6 进制的功能。

时计数器为 24 进制，当开始计数时，个位按 10 进制计数，当计到 23 时，这时再来一个脉冲，应该回到“零”。所以，这里必须使个位既能完成 10 进制计数，又能在高低位满足“23”这一数字后时计数器清零，可采用十位的“2”和个位的“4”相与非后再清零。

对于日计数器电路，可由 4 个 D 触发器组成（也可以用 JK 触发器），其逻辑功能满足表 3.3，即当计数器计到 6 后，再来一个脉冲，用 7 的瞬态将 Q4，Q3，Q2，Q1 置数，即为“1000”，从而显示“日”（8）。

4. 译码、显示

译码、显示很简单，采用共阴极 LED 数码管 LC5011－11 和译码器 74LS248 即可，当然也可用共阳数码管和译码器。

5. 整点报时

当计数到整点的前 6 秒时，应该准备报时。当分计数器计数到 59 分时，将分触发器 QH 置 1，而等到秒计数器计数到 54 秒时，将秒触发器 QL 置 1，然后通过 QL 与 QH 相与后再和 1 s标准秒信号相与而去控制低音喇叭鸣叫，直至 59 秒时，产生一个复位信号，使 QL 清 0，停止低音鸣叫，同时 59 秒信号的反相又和 QH 相与后去控制高音喇叭鸣叫。当计到分、秒从 59:59 变为 00:00 时，鸣叫结束，完成整点报时。

6. 鸣叫电路

鸣叫电路由高、低两种频率通过或门去驱动一个三极管，带动喇叭鸣叫。1 kHz 和 500 Hz 从晶振分频器近似获得。可用 CD4060 分频器的输出端 Q5 和 Q6。Q5 端输出频率为1 024 Hz，Q6 端输出频率为 512 Hz。

可用器材

(1) Multisim 仿真软件。

(2) CD4060、74LS74、74LS161、74LS248 等门电路。

(3) 晶振 (32 768 Hz)。

(4) 电容 (100 μF、20 pF、3 ~ 20 pF)。

(5) 电阻 (200 Ω、10 kΩ、22 MΩ)。

(6) 电位器 (2.2 kΩ 或 4.7 kΩ)。

(7) 共阴显示器 LC5011 - 11。

(8) 开关 (单次按键)。

(9) 三极管 (8050)。

(10) 喇叭 (0.25 W, 8 Ω)。

实验步骤及实验报告要求

(1) 先完成“设计方案分析”和“总系统电路设计”中的相关内容，并用 Multisim 仿真软件对总系统进行仿真，记录仿真结果并加以分析。

(2) 画出电路图，搭建实物电路并调试。分级安装调试步骤如下。

①时钟脉冲源调试：调节可调电容值，观察频率变化。

②计数器及控制电路调试：在 CP 作用下，观察输出端电位变化情况（通过 LED）。

③译码电路调试。

④鸣叫电路调试。

⑤整机调试。

(3) 详细记录实验结果，对照设计要求验证功能是否能够实现。

(4) 记录和分析实验过程中出现的故障和问题。

(5) 实验报告中应包含上述内容和实验总结。

实验 3　智力竞赛抢答器设计

设计目的

(1) 了解智力竞赛抢答器的工作原理。

(2) 掌握任意进制计数器的工作原理及其应用。

(3) 掌握译码显示电路的工作原理及其应用。

(4) 掌握触发器的综合应用。

(5) 学会电路设计、调试、安装方法及流程。

(6) 学会使用电路仿真软件。

设计任务和要求

智力竞赛是一种生动活泼的教育形式和方法，通过抢答和必答两种方式能引起参赛者和观众的极大兴趣，并且能在极短的时间内，使人们学到一些科学知识和生活常识。

实际进行智力竞赛时，一般分为若干组。主持人提出的问题分必答和抢答两种。必答题有时间限制，到时要告警。回答问题正确与否，加分还是减分由主持人判别，成绩评定结果要用电子装置显示。抢答时，要判定哪组优先，并予以指示和鸣叫。

请用 TTL 或 CMOS 型数字集成电路设计智力竞赛抢答器逻辑控制电路，具体要求如下。

（1）抢答组数为 4 组，输入抢答信号的控制电路应由无抖动开关来实现。

（2）含判别选组电路。能迅速、准确地判别出抢答者，同时能排除其他组的干扰信号，闭锁其他各路输入，使其他组再按开关时失去作用，并能对抢中者有光、声显示和鸣叫指示。

（3）含计数、显示电路。每组有 3 位 10 进制数作为计分显示，并能进行加/减计分，构成计分显示电路。

（4）主持人应有复位按钮，抢答和必答定时应有手动控制。

（5）定时及音响。

（6）必答时，定时灯亮，以示开始。当时间到时，要发出单音调“嘟”声，并熄灭指示灯。

（7）抢答时，当抢答开始后，指示灯应闪亮。当有某组抢答时，指示灯灭，最先抢答一组的灯亮，并发出音响。也可以驱动组别数字显示（用数码管显示）。回答问题的时间应可调整，分别为 10 s、20 s、50 s、60 s 或稍长些。

设计方案分析

1. 总体思路

要实现上述智力竞赛抢答器逻辑功能，数字逻辑控制系统至少应包括以下几个部分：计分、显示部分；判别选组控制部分；定时电路和音响部分。智力竞赛抢答器系统框图如图 3.9 所示。

2. 单元电路设计

1）倒计时电路模块

倒计时电路模块由 2 片可逆 10 进制计数器 74LS192 构成，LED 数码管接收 74LS192 的输出信号并加以显示。74LS192 的 A ~ D 引脚用于设定计时时间。如图 3.10 所示，U15 为十位，U16 为个位，当个位到 0 时向十位借 1，所以 U16 的 BO 引脚（借位输出端）接 U15 的 DOWN 引脚（减计数时钟输入端）。预置时间为 10 s，所以十位为 1，预设值为 0001；个位为 0，预设值为 0000。S9 为重置开关，当开关闭合时开始倒计时，开关打开时重置为 10 s。

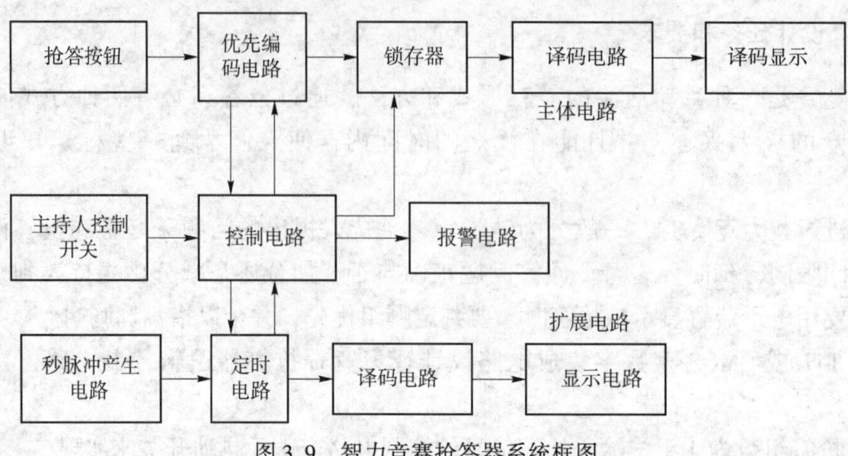

图 3.9　智力竞赛抢答器系统框图

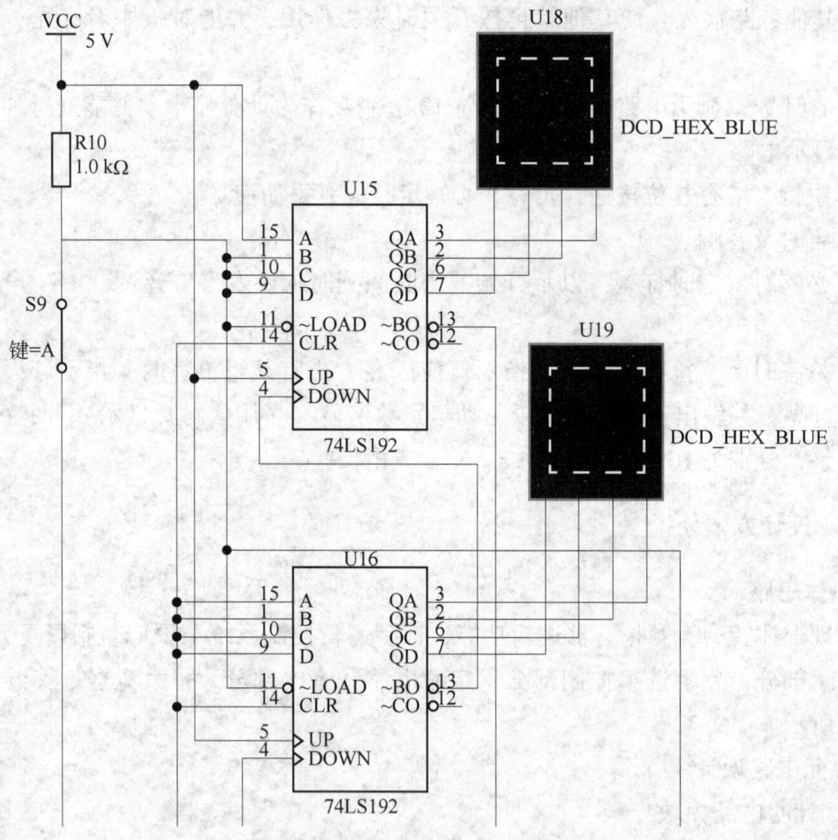

图 3.10　倒计时电路模块

2）秒脉冲产生电路模块

计时器的脉冲源的频率要十分稳定、准确度高，因此采用可调频率的电路，使用 555 定时器可以较容易实现。一个单独的 555 时基电路可以采用 5 ~ 15 V 的单独电源，也可以和其他放大电路和 TTL 电路共用电源，成本还比较低，相关电路可参考前面章节内容自行设计。

3）抢答电路模块

抢答电路模块使用优先编码器 74LS148、2 片锁存器 74LS279 来完成。该电路主要完成功能：分辨出选手按键的先后，并锁存优先抢答者的编号，同时译码显示电路显示编号。抢答电路模块如图 3.11 所示。

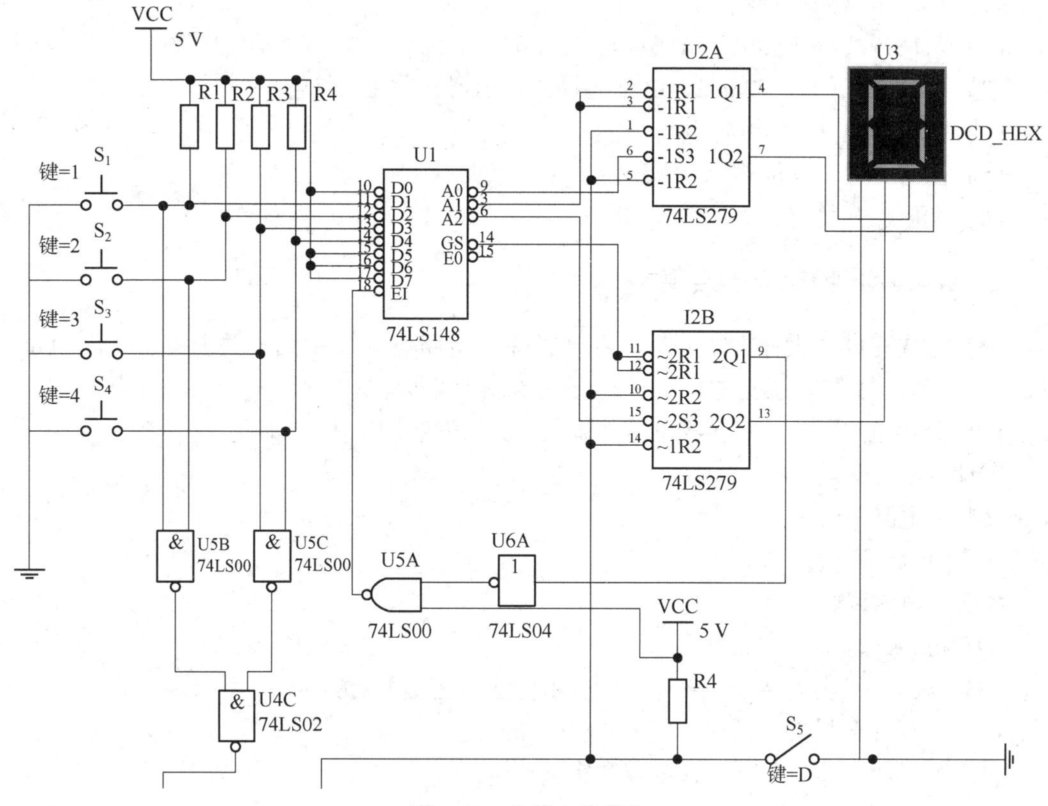

图 3.11　抢答电路模块

74LS148 的输入端和输出端低电平有效。D0 ~ D7 为输入信号，A0 ~ A2 为三位二进制编码输出信号。EI 为 1 时禁止编码，为 0 时允许编码。GS 为正常编码，输出为 0。当第一个信号进入 74LS148 使 GS 为 0，反馈给 EI 为 1，禁止编码达到优先编码的效果。锁存器为基本 R – S 触发器，S_5 为主持人复位开关，当开关断开，基本 R – S 触发器正常工作，开关闭合后，S 端为 0，输出全为 0，达到复位的目的。

4）计分电路模块

4 组计分电路同样用 74LS192、数码管和 3 个开关控制实现，可以参考倒计时电路模块，这部分电路请自行设计完成。

5）蜂鸣器电路模块

蜂鸣器电路主要由多谐振荡器和压电式蜂鸣器组成。多谐振荡器由晶体管或集成电路构成，当接通电源（1.5 ~ 15 V 直流工作电压）后，多谐振荡器起振，输出 1.5 kHz ~ 2.5 kHz的音频信号，阻抗匹配器推动压电蜂鸣片发声。

总系统电路设计

请根据上述各模块电路，设计总系统电路图。

可用器材

（1）Multisim 仿真软件。

（2）74LS192、74LS148、74LS279、74LS00、74LS02、74LS04 等门电路。

（3）LCD5011－11、CL002－BCD 码译码显示器、发光二极管。

（4）拨码开关（8421 码）。

（5）阻容元件、电位器。

（6）喇叭、开关等。

实验步骤及实验报告要求

（1）请先完成“设计方案分析”和“总系统电路设计”中的相关内容，并用 Multisim 仿真软件对总系统进行仿真，记录仿真结果并加以分析。

（2）画出电路图，搭建实物电路并调试。分级安装调试步骤如下：

①计分电路调试；

②判组电路调试；

③定时电路调试；

④音响电路调试；

⑤整机调试。

（3）详细记录实验结果，对照设计要求验证功能是否能够实现。

（4）记录和分析实验过程中出现的故障和问题。

（5）实验报告中应包含上述内容和实验总结。

实验 4　汽车尾灯控制器

设计目的

（1）深入理解汽车尾灯控制器的工作原理。

（2）掌握 555 定时、计数器、译码器等模块化器件的逻辑功能及其使用方法。

（3）掌握利用基本模块与逻辑门电路综合设计复杂电路的方法。

设计任务和要求

汽车尾灯如图 3. 12 所示。汽车尾灯控制器是汽车制造工艺中非常重要的部分，它负责通过控制灯光信号来显示车辆的正常行驶、左转弯、右转弯、刹车状态。本实验要求设计一个汽车尾灯控制器，用 6 个发光二极管模拟汽车尾灯（左右各 3 个），用开关选择控制汽车正常运行、右转弯、左转弯和刹车时尾灯的情况。

图 3.12　汽车尾灯

请设计一个汽车尾灯控制器，具体要求如下：

(1) 汽车正常运行时尾灯全部熄灭；

(2) 汽车左转弯时左边的 3 个发光二极管按左循环顺序点亮；

(3) 汽车右转弯时右边的 3 个发光二极管按右循环顺序点亮；

(4) 汽车刹车时所有的指示灯随脉冲信号同时闪烁。

设计方案分析

1. 系统的逻辑功能分析

汽车尾灯控制器原理图如图 3.13 所示，主要由脉冲产生电路、开关控制电路、计数电路及门电路驱动电路等组成。其逻辑功能为：通过 3－8 线译码器（74LS138）对开关控制电路给出的信号（汽车运行的不同状态）进行译码，汽车转向的控制是由译码后的高低电平控制对应 16 进制计数器（74LS161）的使能端来实现，然后由脉冲产生电路产生一定频率的脉冲信号作为计数器的触发信号，使计数器循环计数，计数器输出端通过基本逻辑电路驱动相应的各尾灯循环点亮；刹车的控制由编码后的相应电平和脉冲信号通过与门后直接驱动所有尾灯闪亮；汽车正常运行时各指示灯不接受控制信号即全灭。

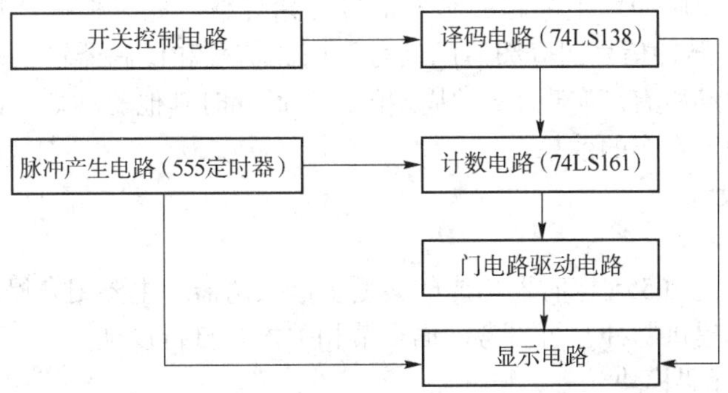

图 3.13　汽车尾灯控制器原理图

2. 系统的状态变化分析

令 S_0 为左转弯开关，S_1 为右转弯开关，S_2 为刹车开关，1 或 0 代表开关开启或闭合。

表 3.4 为汽车尾灯显示状态变化表。

表 3.4　汽车尾灯显示状态变化表

开关状态			运行状态	左转弯	右转弯
S_0	S_1	S_2		左边尾灯（L_1，L_2，L_3）	右边尾灯（D_1，D_2，D_3）
0	0	0	正常运行	灯灭	灯灭
1	0	0	左转弯	按 L_1，L_2，L_3 顺序循环点亮	灯灭
0	1	0	右转弯	灯灭	按 D_1，D_2，D_3 顺序循环点亮
0	0	1	临时刹车	所有尾灯同时闪烁	

注：在本表中，"1" 表示开关闭合，"0" 表示开关开启。

（1）当 S_0，S_1，S_2 均为 0 时，代表汽车正常运行，由于译码器的 0 输出端为低电平且未接入尾灯控制电路，所以左边尾灯（L_1，L_2，L_3）及右边尾灯（D_1，D_2，D_3）全灭。

（2）当 S_0 闭合时，代表汽车左转弯信号，由于译码器的 1 输出端经过逻辑门电路变换后接到计数器的使能控制端，计数器正常工作，接收多谐振荡器产生的计数信号开始循环计数，此时左边尾灯受计数器引出信号控制。计数状态为：

①当计数器状态为 0000 – 0011 时，左边 3 个尾灯接收到的始终全是低电平，所以全灭；

②当计数器状态为 0100 – 0111 时，L_1 接收到的始终为高电平，其他尾灯接收到的始终为低电平，所以只有 L_1 灯亮；

③当计数器状态为 1000 – 1011 时，L_1，L_2 接收到的信号始终为高电平，其他尾灯接收到的始终为低电平，所以只有 L_1，L_2 亮；

④当计数器状态为 1100 – 1111 时，左边 3 个尾灯接收到的始终全是高电平，所以全亮；接下来状态又变为 0000 计数重复以上循环，即左尾灯左循环点亮。

（3）同理，当 S_1 闭合时，代表汽车右转弯信号，由于译码器的输出端经过逻辑门电路变换后接到计数器的使能控制端，计数器正常工作，接收多谐振荡器产生的计数信号开始循环计数，此时右边尾灯受计数器引出信号控制。其计数状态与左转弯状态下的类似。

（4）当 S_2 闭合时，代表汽车临时刹车信号，此时计数器的使能控制端接收到的仍为高电平，计数器接收脉冲发生电路的脉冲信号开始计数，此时根据计数器的分配作用从计数器的 Q_1 端引出脉冲信号四分频后的信号，用此信号和译码器输出端对应刹车信号反向后相与的结果驱动所有灯实现 1 s 的周期闪烁。而此时其他驱动灯的门电路输出均为低电平，所以只能执行刹车的效果。

3. 模块电路设计

1）脉冲产生模块

脉冲产生模块是由 555 定时器构成的典型多谐振荡器，主要用来提供计数器的计数脉冲和为刹车时闪烁提供脉冲，可参考前面章节相关内容自行设计。

2）开关控制译码模块

开关控制电路的作用是给译码电路提供输入信号。如图 3.14 所示，开关控制译码模块采用 3 个开关 S_0，S_1，S_2 的断开与闭合实现对译码输入信号的控制。选用 3 – 8 线译码器 74LS138 作为译码器，译码器的输出作为组合逻辑门驱动电路和计数器的输入信号。S_0，S_1，S_2 一端分别连接 74LS138 译码器的 3 个地址输入端。S_0，S_1，S_2 闭合分别表示汽车左转弯、右转弯、临时刹车三种状态。开关控制译码模块状态变换表如表 3.5 所示。

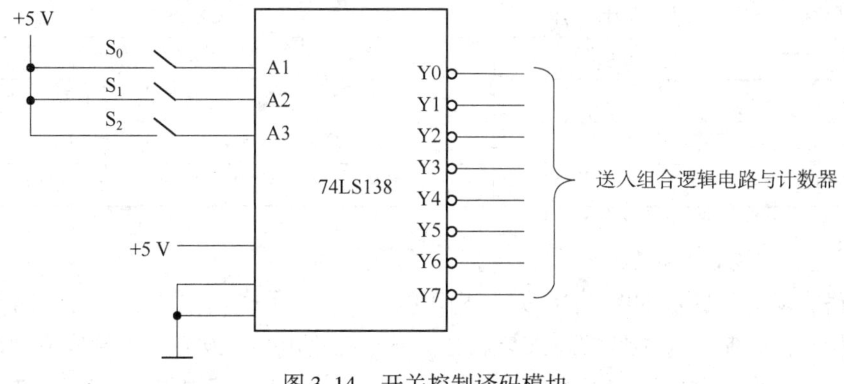

图 3.14　开关控制译码模块

表 3.5　开关控制译码模块状态变换表

输入状态			输出状态							
S_0	S_1	S_2	Y_0	Y_1	Y_2	Y_3	Y_4	Y_5	Y_6	Y_7
0	0	0	0	1	1	1	1	1	1	1
1	0	0	1	0	1	1	1	1	1	1
0	1	0	1	1	0	1	1	1	1	1
0	0	1	1	1	1	1	0	1	1	1

3）循环计数编码模块

循环计数编码模块如图 3.15 所示。脉冲产生模块提供时钟脉冲，送入 74LS161 的时钟触发端（CP 引脚）。74LS138 的 1，2，4 输出端经过三输入与非门后的信号，即作为计数器的计数信号与 74LS161 的 ET，EP 引脚连接。当输出为高电平时，计数器开始计数，输出信号送至驱动显示电路，否则计数器保持原状态。将 16 个计数过程分成 4 组（4 个数为一组），即可分别对应左转弯或右转弯时要求的循环点亮的 4 种状态，即计数的 10 进制数 0 ~ 3 对应灯全灭；4 ~ 7 对应 L_1（或 D_1）亮；8 ~ 11 对应 L_1 和 L_2（或 D_1 和 D_2）亮；12 ~ 15 对应 L_1，L_2，L_3（或 D_1，D_2，D_3）亮。左转弯与右转弯状态变换表如表 3.6 所示。

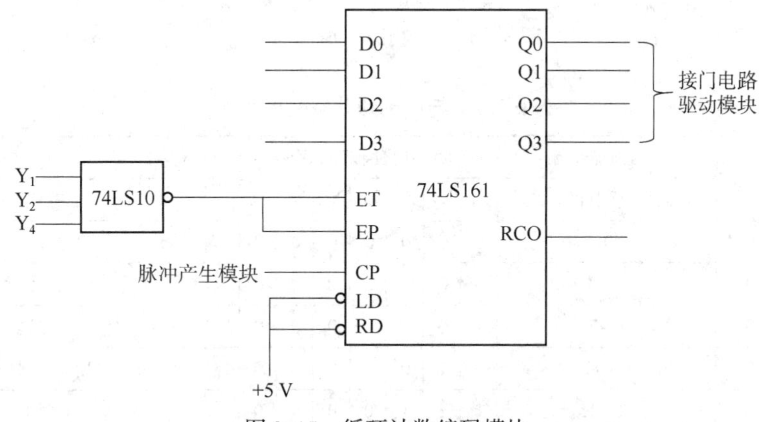

图 3.15　循环计数编码模块

表 3.6　左转弯与右转弯状态变换表

二进制计数范围	十进制计数范围	灯状态
0000~0011	0~3	灯全灭
0100~0111	4~7	左尾灯 L_1 灯（或右尾灯 D_1）亮
1000~1011	8~11	左尾灯 L_1，L_2 灯（或右尾灯 D_1，D_2）亮
1100~1111	12~15	左尾灯 L_1，L_2，L_3 灯（或右尾灯 D_1，D_2，D_3）亮

4）门电路驱动显示模块

门电路驱动显示模块如图 3.16 所示。门电路驱动显示模块主要运用门电路与计数器的输出信号共同控制对应尾灯的熄灭与点亮。显示电路由 6 个发光二极管构成，由前级计数电路和门驱动电路共同决定发光二极管的亮灭。与门电路状态变换表如表 3.7 所示。

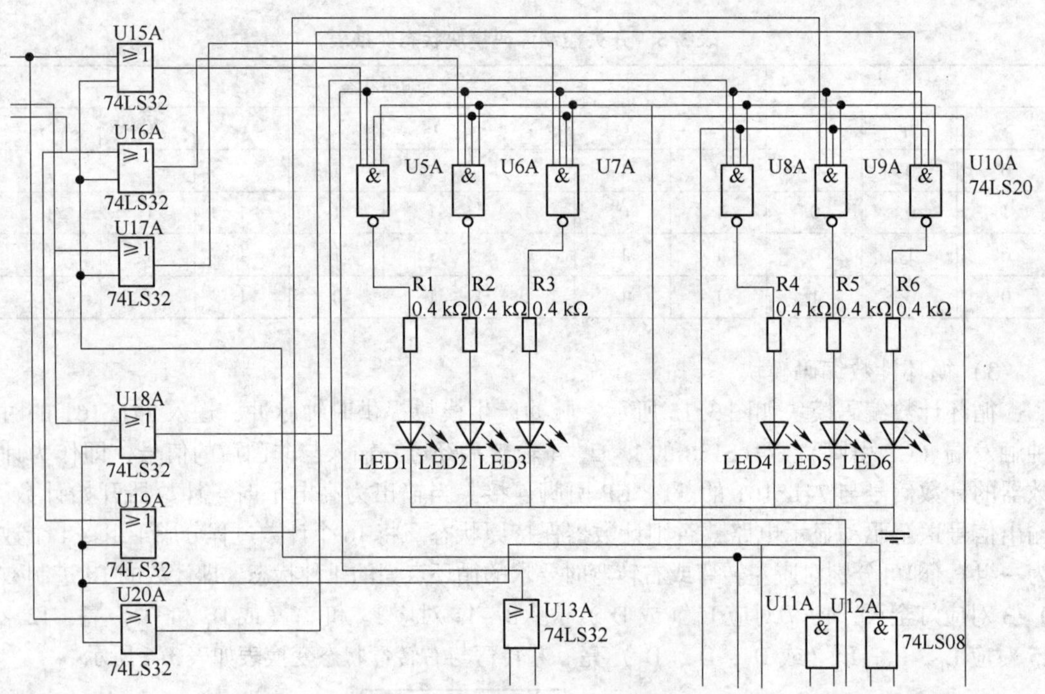

图 3.16　门电路驱动显示模块

表 3.7　与门电路状态变换表

开关状态			译码器输出端	与门电路输出状态							灯（L_1，L_2，L_3，D_1，D_2，D_3）状态
S_0	S_1	S_2	10 进制计数	X_1	X_2	X_3	X_4	X_5	X_6	X_7	
0	0	0	0	0	0	0	0	0	0	0	全灭
1	0	0	0~3	0	0	0	0	0	0	0	全灭
1	0	0	4~7	1	0	0	0	0	0	0	L_1 亮
1	0	0	8~11	1	1	0	0	0	0	0	L_1，L_2 亮
1	0	0	12~15	1	1	1	0	0	0	0	L_1，L_2，L_3 亮
0	1	0	0~3	0	0	0	0	0	0	0	全灭

续表

开关状态			译码器输出端	与门电路输出状态							灯（L_1，L_2，L_3，D_1，D_2，D_3）状态
S_0	S_1	S_2	10 进制计数	X_1	X_2	X_3	X_4	X_5	X_6	X_7	
0	1	0	4～7	1	0	0	0	0	0	0	D_1 亮
0	1	0	8～11	1	1	0	0	0	0	0	D_1，D_2 亮
0	1	0	12～15	1	1	1	0	0	0	0	D_1，D_2，D_3 亮
0	0	1	0～1，4～5， 8～9，12～13	0	0	0	0	0	0	0	全灭
0	0	1	2～3，6～7， 10～11，14～15	0	0	0	0	0	0	1	全亮

总系统电路设计

请根据上述各模块电路设计总系统电路图。

可用器材

（1）Multisim 仿真软件。

（2）74LS138、74LS161、555 定时器、74LS10、74LS32、74LS08 等门电路。

（3）电阻、电容、发光二极管若干。

（4）数字电路实验箱。

（5）直流电源。

实验步骤及实验报告要求

（1）请用 Multisim 软件对总系统进行仿真，记录仿真结果并加以分析。

（2）画出电路图，搭建实物电路并调试。在系统调试中，先将各单元电路调试正常，然后再进行各单元电路之间的连接，要特别注意电路之间高、低电平的配合。若电路搭建完毕，经通电测试发现工作不正常，仍可将各单元电路拆开，引入秒脉冲单独调试。

（3）详细记录实验结果，对照设计要求验证功能是否能够实现。

（4）记录和分析实验过程中出现的故障和问题。

（5）实验报告中应包含上述内容和实验总结，并回答以下问题：如果计数器改用 JK 触发器设计，电路该如何改进？

实验 5　电子拔河游戏机设计

设计目的

（1）深入理解电子拔河游戏机的工作原理。

（2）掌握触发器、计数器、译码器等模块化器件的逻辑功能及其使用方法。

(3) 掌握利用基本模块与逻辑门电路综合设计复杂电路的方法。

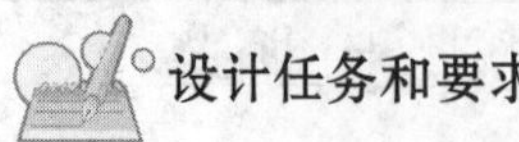

设计任务和要求

电子拔河游戏机是模拟拔河比赛的电子游戏机，其电路如图 3.17 所示。比赛开始时，双方通过控制按键进行比赛，使点亮的 LED 灯移向自己，亮灯往哪一个方向移动取决于哪一方按键速度快，直到点亮的 LED 灯移到某一终端则比赛结束。此后电路自动锁定，双方按键无效。数码管显示比赛结果，依次循环比赛。

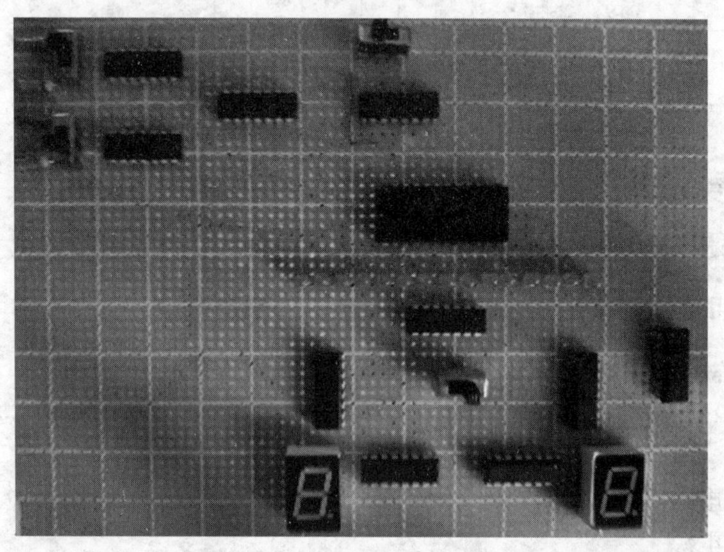

图 3.17　电子拔河游戏机电路

请设计一个电子拔河游戏机，具体要求如下。

(1) 拔河游戏机共有 15 个发光二极管，开机后只有处在“拔河绳子”中间的发光二极管亮。

(2) 比赛双方各持一个按钮，快速不断地按动按钮会产生脉冲，谁按得快，发光二极管就向谁的方向移动一位发光，每按一次，发光二极管移动一位发光。

(3) 亮的发光二极管移动到任一方的终点时，该方就获胜，此后双方的按钮都应无作用，保持当前状态。只有当裁判按动复位后，处在“拔河绳子”中间的发光二极管才会重新亮。

(4) 用数码管显示双方的获胜盘数。

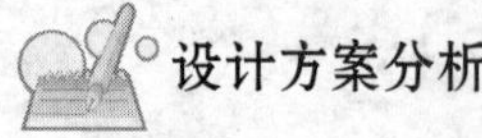

设计方案分析

1. 系统的逻辑功能分析

电子拔河游戏机的系统原理图如图 3.18 所示。系统由输入、输出和控制器模块组成。输入模块完成裁判启动命令和 2 个按钮信号的输入，其逻辑关系由门电路实现。控制器模块完成对输入脉冲信号的统计，由可预置加/减计数器构成。其预置数为 0000，作为加/减计数的起点。加/减计数的脉冲源分别取自 2 个按钮信号，计数器输出状态变量进入输出模块。输出模块完成计数器统计信号的译码与显示，并给出一个此次比赛结束的信号。部分模块的逻辑功能如下所述。

（1）将可预置的加/减计数器作为主要元器件，用计数器的输出状态通过译码器控制 LED 发光。当向计数器输入“加脉冲”时，使其做加运算而发光的 LED 向增大的一方移动，相反，当输入“减脉冲”时，发光的 LED 向相反的方向移动。

（2）当一局比赛结束，即发光的 LED 移动到某一方的终点时，由点亮该终点灯的信号使电路封锁“加脉冲/减脉冲”信号的作用，即实现电路的自锁，使加/减脉冲无效，同时使电路自动加分。

（3）控制电路部分应能够控制振荡器产生的脉冲信号进入计数器的加/减脉冲输入端，其进入方向由参赛双方输入的按键信号决定。

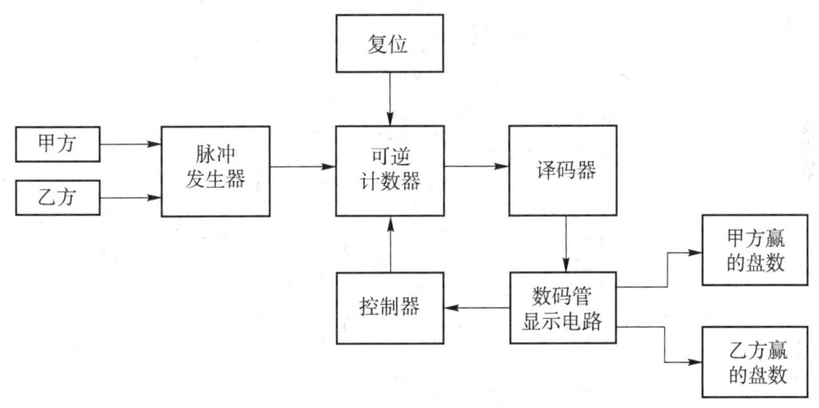

图 3.18　电子拔河游戏机的系统原理图

2. 模块电路设计

1）整形电路模块

如图 3.19 所示，整形电路模块由与门 74LS08 和与非门 74LS00 构成。因 74LS193 是可逆计数器，控制加减的 CP 脉冲分别加至该芯片的 5 脚（加法输入端）和 4 脚（减法输入端）。当电路要求进行加法计数时，减法输入端 CPD 必须接高电平；进行减法计数时，加法输入端 CPU 也必须接高电平。若直接由 A，B 键作为输入产生的脉冲加到该芯片的 5 脚或 4 脚，就易导致在进行计数输入时另一计数输入端为低电平，使计数器不能计数，双方按键均失去作用，拔河比赛不能正常进行。若加一整形电路，使 A，B 二键出来的脉冲经整形后变为一个占空比很大的脉冲，这就减少了进行某一计数时另一计数输入为低电平的可能性。

2）可逆计数编码模块

由可逆计数器 74LS193 构成的可逆计数编码模块如图 3.20 所示。原始状态输出 4 位二进制数 0000。当按动 A，B 两键时，分别产生两个脉冲，经整形加到可逆计数器上。根据脉冲的到达先后，执行 16 进制的加/减计数。当置位端接收到低电平信号时，计数器此时输出状态被锁定，输入脉冲不起作用。按动复位键 S_1 后，亮点又回到终点位置，比赛又可重新开始。

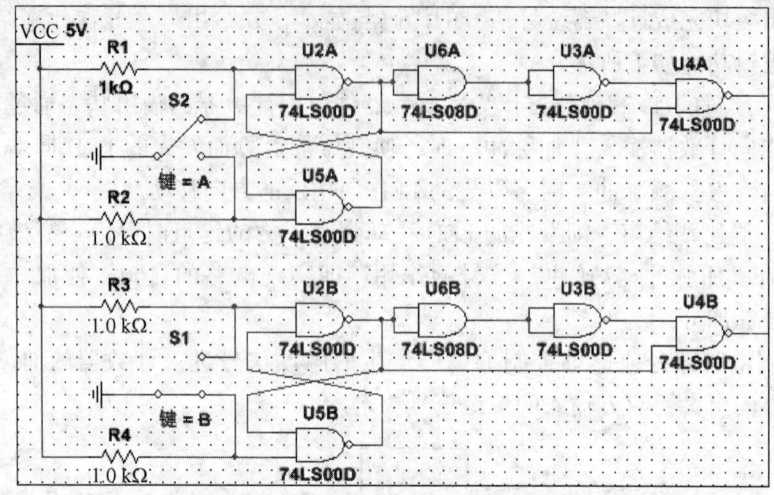

图 3.19　整形电路模块

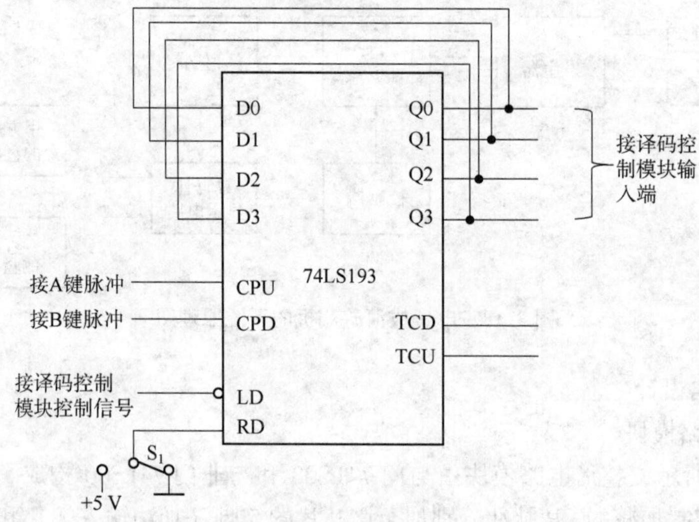

图 3.20　可逆计数编码模块

3）译码控制模块

译码控制模块如图 3.21 所示，该模块包含由两片 74LS138 级联构成的 4－16 线译码器和由一片 74LS08 构成的信号控制器。4－16 线译码器输入端 D，C，B，A 分别和输出端 Q_3，Q_2，Q_1，Q_0相连接。译码器输出端 Y_0接非门和第 8 个发光二极管，Y_1～Y_7分别接非门后和第 7～1 个发光二极管相连，Y_{15}～Y_9分别接非门后和第 9～15 个发光二极管相连。当 A 获胜时，Y_7为低电平，或当 B 获胜时，Y_9为低电平。此时 74LS08 的输出为低电平，使得可逆计数器停止计数。

4）显示模块

显示模块如图 3.22 所示，该模块由 2 片 10 进制计数器 74LS192、74LS04 和数码管组成。将双方终端指示灯所代表的译码器输出端 Y_7 和 Y_9 端经非门输出后分别接到 2 个 74LS192 计数器的 CPU 端，74LS192 的 2 组 4 位 BCD 码分别接到实验箱中的 2 组数码管的 8421 插孔上。当一方取胜时，该方终端指示灯亮，产生一个上升沿，使相应的计数器进行加一计数，于是就得到了双方取胜次数的显示。当开关 S_2 接 +5 V 时，计数器复位，双方取胜次数清零。

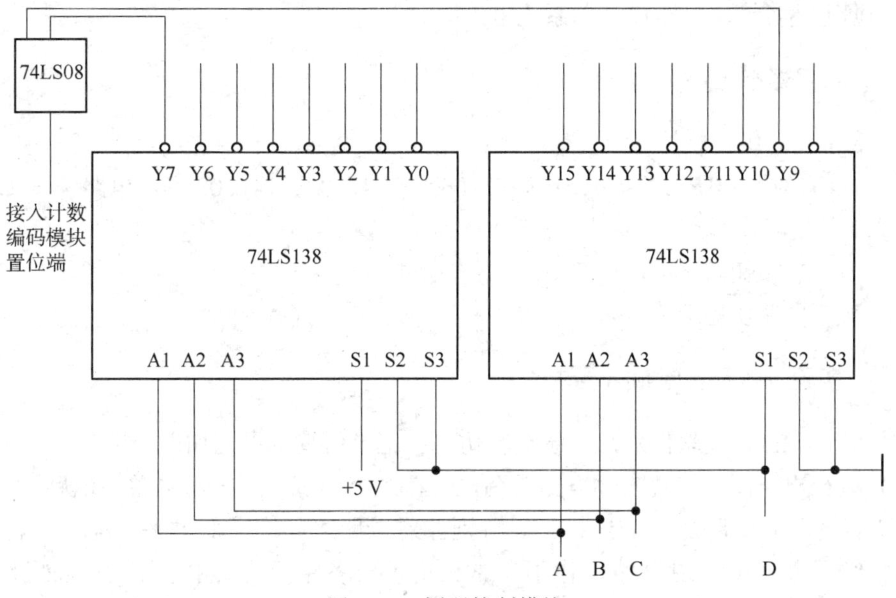

图 3.21　译码控制模块

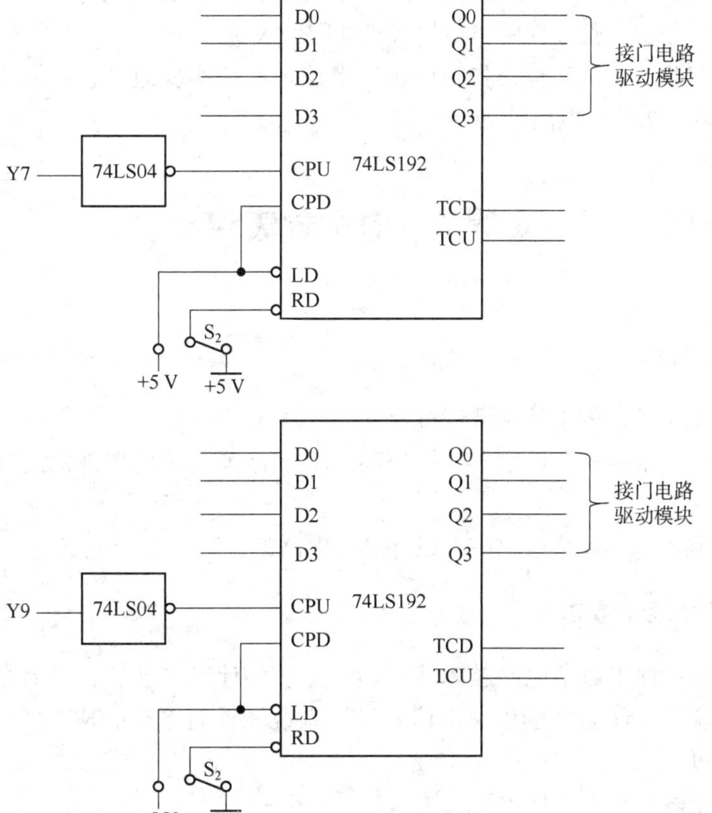

图 3.22　显示模块

总系统电路设计

请根据上述各模块电路设计总系统电路图。

可用器材

（1）Multisim 仿真软件。

（2）74LS138、74LS192、74LS193、74LS00、74LS04、74LS08 等门电路。

（3）4 段数码管。

（4）电阻、按钮若干。

（5）数字电路实验箱。

实验步骤及实验报告要求

（1）请用 Multisim 软件对总系统进行仿真，记录仿真结果并加以分析。

（2）画出电路图，搭建实物电路并调试。在系统调试中，先将各单元电路调试正常，然后再进行各单元电路之间的连接，要特别注意电路之间高、低电平的配合。若电路搭建完毕，经通电测试发现电路工作不正常，仍可将各单元电路拆开，引入秒脉冲单独调试。

（3）详细记录实验结果，对照设计要求验证功能是否能够实现。

（4）记录和分析实验过程中出现的故障和问题。

（5）完成实验报告，实验报告中应包含上述内容和实验总结，并回答问题：如果胜负次数显示位数为 2 位，电路该如何改进？

实验 6　电子秒表设计

设计目的

（1）掌握电子秒表的设计和调试过程。

（2）掌握 555 定时器、计数器、译码器、显示器等模块化器件的逻辑功能及其使用方法。

（3）掌握利用基本模块电路综合设计复杂电路的方法。

设计任务和要求

电子秒表是一种用数字电路技术实现时、分、秒计时的装置，具有精度高、功能强等特点。本实验所设计的电子秒表由信号发生系统和计时系统构成，并具有清零、暂停功能。数码管可显示“分”“秒”“10 ms”。

请设计一个电子秒表，具体要求如下：

（1）以 0.01 s 为最小单位进行显示。

（2）秒表可显示 0.01 s 到 59 min 59.99 s 的量程。

（3）该秒表具有清零、开始计时、停止计时功能，并能防抖动。

设计方案分析

电子秒表由以下几部分组成：由 555 多谐振荡器和分频器组成的秒脉冲发生器；秒表控制开关；100 进制 10 毫秒计数器、60 进制秒计数器和 60 进制分计数器；秒、分的译码显示部分等。总体设计框图如图 3.23 所示。

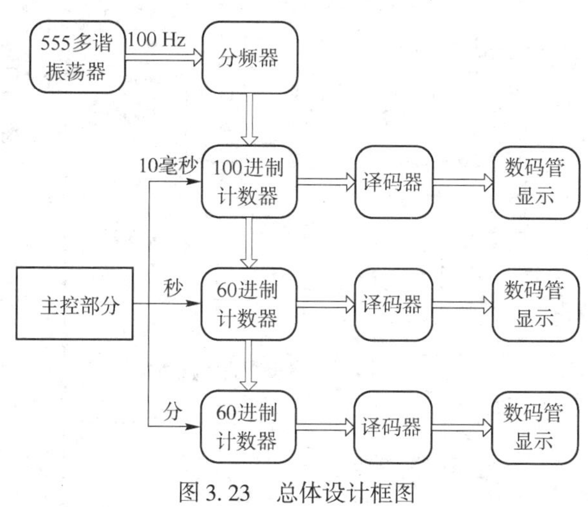

图 3.23　总体设计框图

1. 信号发生器电路

555 定时器芯片和电阻、电容构成信号发生器，$R_2 = 10\ \text{k}\Omega$，$R_1 = 100\ \text{k}\Omega$，$C_1 = 100\ \text{nF}$，电路如图 3.24 所示。在实践中，如果用示波器观察到频率不正确，可调整 R_2 使得多谐振荡器的输出为 100 Hz 的时钟脉冲，从而提高精度。

【练习】 请用 Multisim 仿真 100 Hz 的时钟脉冲波形。

2. 时钟分频计数电路

1）时钟脉冲分频计数总体设计

首先由 10 进制模块通过串行计数组成 100 分频和 60 分频电路，因为 74LS160 是同步 10 进制计数器，在 Q3 ~ Q0 输出端为 1001（9）时，其进位端 TC 同时由 0 变为 1，设计过程中采用的是置数清零法，而集成芯片 74LS160 为同步置数，此处如果 TC 端直接接入下一级的时钟输入端，则会发生本位数字为 9，而它的高位数字已经进位的现象。要想消除这种现象，可以在 TC 端与下一级的时钟端之间接入一个非门，使得 TC 输出反相，在本位输出进位脉冲时，其高位时钟接收到的为时钟的无效边沿（下降沿），而在本位自然清零时，高位才会接收到一有效时钟边沿（上升沿），从而达到正确进位的目的。而 60 进制与下级模块的级连，由于 6 进制模块在实现过程中已经接入了一个 74LS00 的与非门，故其输出不必再接非门，而是从该输出端接至高位时钟脉冲端。

2）由 74LS160 芯片构成 10 分频器

74LS160 本身即为同步 10 进制计数器，用以构成 10 分频器直接使用其进位输出端即可。需要注意的是，在级联过程中，因为74LS160计数过程为上升沿有效，而进位输出时TC端由0变1，为上升沿，要使计数状态不缺失，需在TC端与下一级的连接中串入一个非门，如图3.25所示。

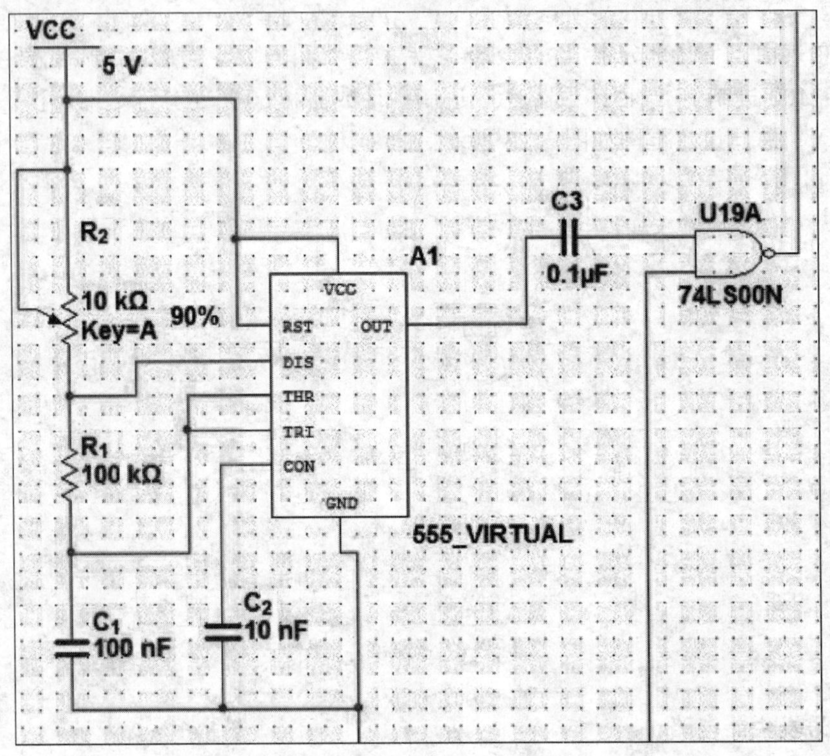

图3.24　信号发生器电路图

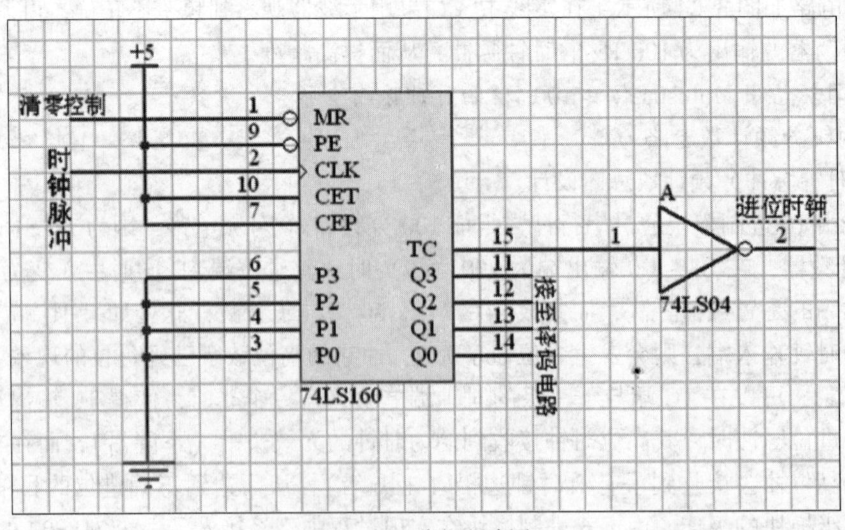

图3.25　分频电路图

3）使用74LS160芯片构成6进制计数器

由74LS160组成的6进制计数电路如图3.26所示电路，给CLK以点动单脉冲或频率较低的连续脉冲，Q 端接发光二极管，观察发光二极管的状态。同时进位输出端接发光二极管，观察并记录现象，看是否为 6 进制输出。

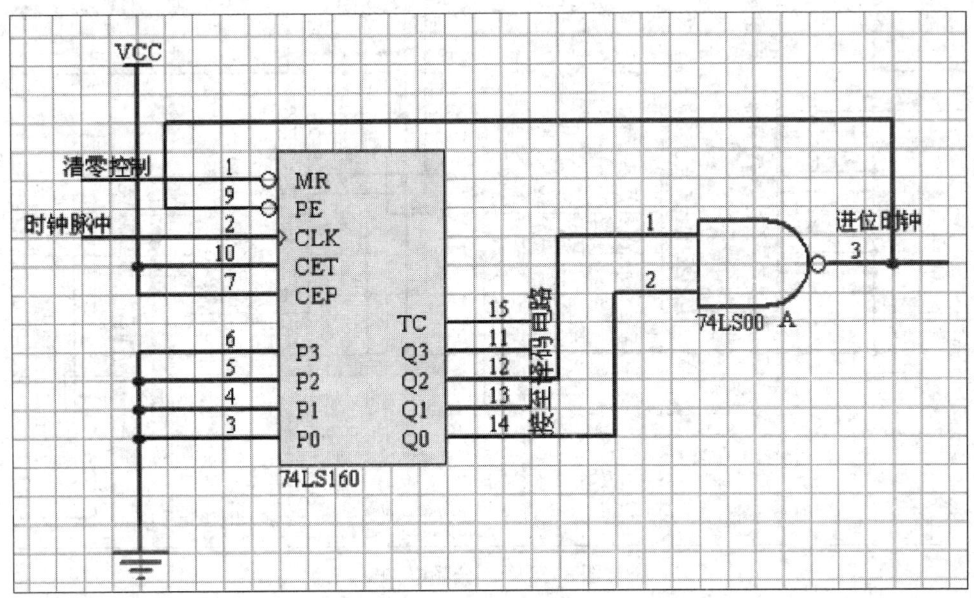

图 3. 26　6 进制计数电路

4）由 10 分频电路及 6 分频电路组成 100 分频及 60 分频电路

（1）100 分频电路如图 3. 27 所示。两级 10 分频电路串联，中间通过 74LS04 的一个非门把进位输出端的时钟信号送入高位的时钟输入端 CLK，实现准确的串行进位控制。清零控制端并接，接到复位/开始控制按钮，实现控制。

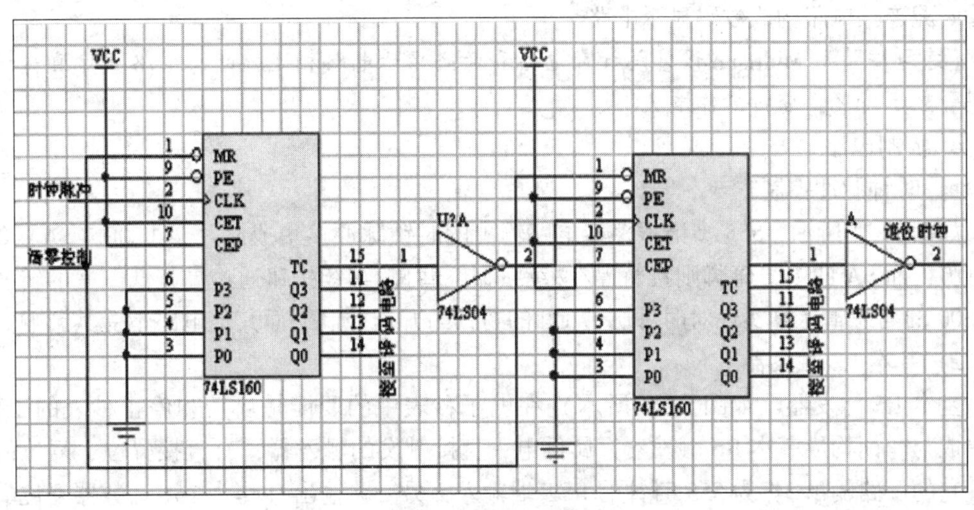

图 3. 27　100 分频电路

(2) 60 分频电路如图 3. 28 所示。一级 10 分频电路与一级 6 分频电路串联，形成串行进位计数，其内部级联与 100 进制相同，时钟脉冲均为低位的进位端通过一非门接至高位的 CLK 端。清零控制端并接，接到复位/开始控制按钮，实现控制。

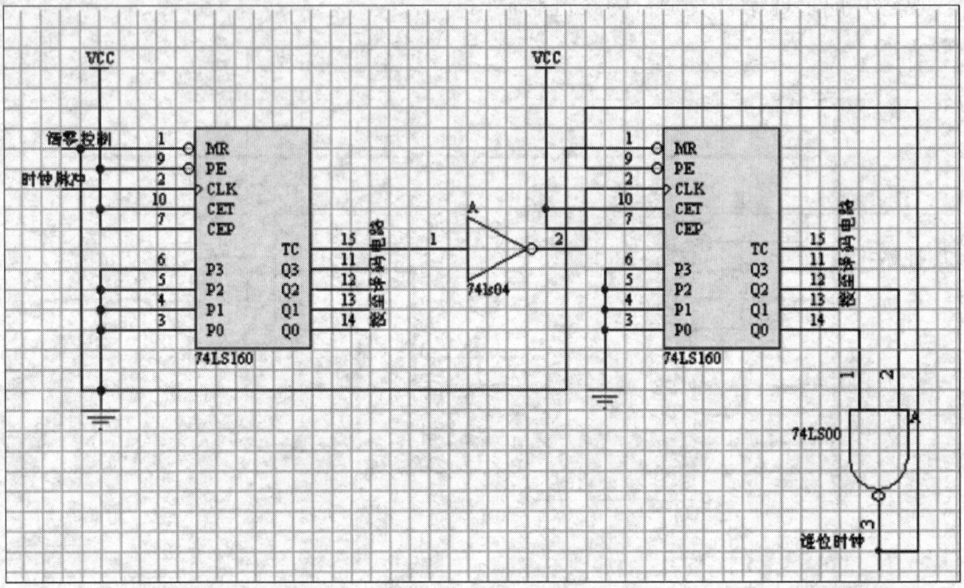

图 3. 28　60 分频电路

（3）总计数电路。总计数电路由 1 个 100 分频、2 个 60 分频电路和若干数码管相互连接构成。

【练习】请用 Multisim 设计总计数电路并分析工作情况。

3. 译码器和数码显示电路

采用 74LS48D 和电阻排（Multisim 软件中 RPACK）来构成译码器电路，译码器与数码管匹配连接电路构成数码显示电路。

【练习】请用 Multisim 设计总计数电路和数码显示电路相连接的总电路并仿真，记录数码管显示情况，分析工作情况。

4. 控制电路

1）时钟脉冲控制

如图 3. 24 所示，555 多谐振荡器电路输出的时钟脉冲接集成芯片 74LS00（SA）的 2 号管脚，而 SA 的 1 号管脚则接暂停/继续按钮，暂停/继续按钮通过高、低电平的转换及 74LS00 的与逻辑运算实现对时钟脉冲 CP 的封锁与开通控制，而其他电路不受其影响。

2）基本 RS 触发器

基本 RS 触发器（如图 3. 29 所示）在电子秒表中的职能是启动和停止秒表的工作。用集成与非门构成基本 RS 触发器，属低电平直接触发的触发器，有直接置位、复位的功能。它的一路输出$\overline{Q}$作为 555 时钟的 RST 端输入，另一路输出 Q 作为 161 计数器复位端的输入控制信号。按动按钮开关 S1 到接地，则 Q 的输出为 0，实现 161 复位，达到清零的效果。S1 复位后，161 计数器复位端为高电平，161 计数器处于计数状态。按动按钮开关 J5 到接地，则 $\overline{Q}$ 的输出为 0，实现 555 定时器 RST 端为低电平，555 定时器复位。恢复 J5 按钮，555 计数器继续工作。

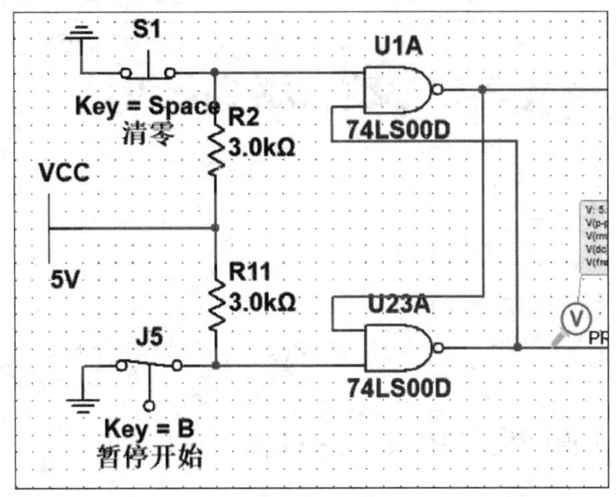

图 3.29　RS 触发器电路

总系统电路设计

请根据上述设计方案分析设计总系统电路图。

可用器材

（1）Multisim 仿真软件。

（2）74LS160、74LS00、74LS04 等门电路。

（3）555 定时器、4 段数码管。

（4）电阻、电容若干。

（5）数字电路实验箱。

实验步骤及实验报告要求

（1）请先完成前面相关的练习内容，并用 Multisim 软件对总系统进行仿真，记录仿真结果并加以分析。

（2）画出电路图，搭建实物电路并调试。在系统调试中，先将各单元电路调试正常，然后再进行各单元电路之间的连接，要特别注意电路之间高、低电平的配合。若电路搭建完毕，经通电测试发现电路工作不正常，仍可将各单元电路拆开，引入秒脉冲单独调试。

（3）详细记录实验结果，对照设计要求验证功能是否能够实现。

（4）记录和分析实验过程中出现的故障和问题。

（5）回答思考题：若用加法计数器 74LS90 构成电子秒表的计数单元，该如何实现？试画出电路。

（6）完成实验报告，报告中应包含上述内容和实验总结。

实验 7　交通灯控制器设计

设计目的

（1）深入了解交通灯的工作原理。

（2）掌握 555 定时器、计数器、数据选择器、译码器等模块化器件的逻辑功能及使用方法。

（3）掌握利用基本模块电路综合设计复杂电路的方法。

设计任务和要求

设计一个十字路口交通灯控制系统，每个方向有 3 盏灯，分别为红、黄、绿，且均有数码管进行计时显示，如图 3.30 所示，具体要求如下。

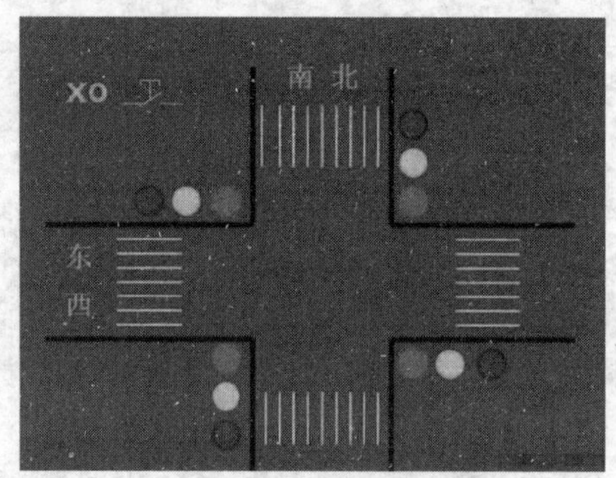

图 3.30　交通灯示意图

（1）在十字路口的两个方向上各设一组红黄绿灯，显示顺序为其中一个方向是绿灯、黄灯、红灯，另一方向是红灯、绿灯、黄灯。

（2）设置一组数码管，以计时的方式显示允许通行或禁止通行时间，其中一个方向（支干道）上绿灯亮的时间为 20 s，另一个方向（主干道）上绿灯亮的时间是 30 s，黄灯亮的时间都是 5 s。

（3）当任何一个方向出现特殊情况时，按下手动开关，其中一个方向正常通行，倒计时停止。当特殊情况结束后，按下自动控制开关，恢复正常状态。

设计方案分析

1. 系统的逻辑功能分析

交通灯控制系统的原理框图如图 3.31 所示，它主要由控制器、定时器和脉冲发生器等部分组成。脉冲发生器是该系统中定时器和控制器的标准时钟信号源，控制器是系统的主要部分，由它控制定时器、数码管和二极管的工作。

2. 系统的状态变化分析

交通灯 4 种工作状态的转换是由控制器进行控制的，设控制器的 4 种状态编码为 00，01，11，10，并分别用 S0，S1，S3，S2 表示，交通灯工作状态转换表如表 3.8 所示。

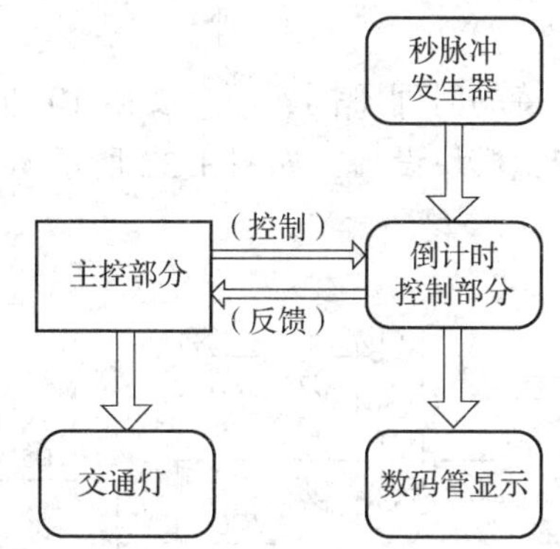

图 3.31　交通灯控制系统的原理框图

表 3.8　交通灯工作状态转换表

控制状态	信号灯状态	车道运行状态
S0（00）	主绿，支红	主干道通行，支干道禁止通行
S1（01）	主黄，支红	主干道缓行，支干道禁止通行
S3（11）	主红，支绿	主干道禁止通行，支干道通行
S2（10）	主红，支黄	主干道禁止通行，支干道缓行

3. 单元电路设计

1）秒脉冲产生电路

555 定时器芯片按一定的线路接上不同的电阻和电容就可产生周期不同的方波脉冲，即不同频率的脉冲。高电平时间 $t_1 = 0.7(R_1 + R_2)C_1 = 0.508$ s，低电平时间 $t_2 = 0.7R_1C_1 = 0.492$ s，$T = t_1 + t_2 = 1$ s，满足设计要求，相关电路请自行设计。

2）红绿灯（发光二极管）显示电路

红绿灯显示表示电路所处状态，受到主控电路控制，即主控电路的输出（A 和 B）决定了主干道和支干道的红绿灯的亮灭情况。如“亮”用“1”表示，“灭”用“0”表示，则有如表 3.9 所示的真值表。

表 3.9　主、支干道红绿灯亮灭真值表

A	B	主红（R）	主黄（Y）	主绿（G）	支红（r）	支黄（y）	支绿（g）
0	0	0	0	1	1	0	0
0	1	0	1	0	1	0	0
1	1	1	0	0	0	0	1
1	0	1	0	0	0	1	0

【练习】①请写出主、支干道红绿灯亮灭的逻辑表达式。

②根据上述逻辑表达式画出红绿灯显示电路。

3）计时部分电路

设计要求对不同的状态维持的时间不同，而且要以 10 进制倒计时显示出来。采用 2 片 74LS161 完成计时器状态产生模块设计，如图 3. 32 所示。

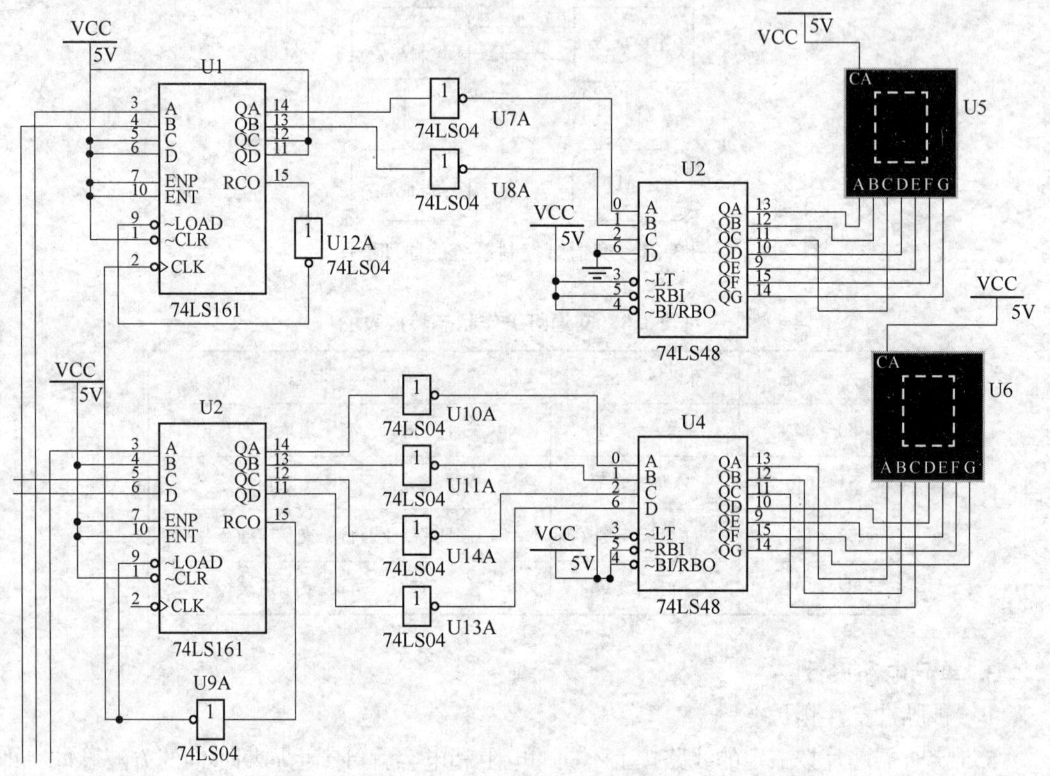

图 3. 32　计时部分电路

要以 10 进制输出，而又有一些状态维持时间超过 10 s，则必须用 2 个 74LS161 分别产生个位和十位的数字信号。显然，计数器能够完成计时功能，可以用 74LS161 设计，并把它的时钟 CP 接秒脉冲。74LS161 计数器采用加法计数，要想倒计时，则在 74LS161 输出的信号必须经过非门处理后才能接入数码管的驱动 74LS48。如果以0 ~ 9 数字显示倒计时，则在设计不同模值计数器确定有效状态时，以 0000，0001，0010，…，1111 这些状态中靠后的状态为有效状态。

例如：有效状态 1011—1100—1101—1110—1111，取非后可得 0100—0011—0010—0001—0000，即 4—3—2—1—0，从而实现模 5 的倒计时。

首先，对控制个位输出的 74LS161 进行设计。按要求，系统的状态不同，个位的进制也就不同。利用系统的状态量 A，B 控制 74LS161 的置数端 D0D1D2D3。当系统处在 Gr 或 Rg 状态时，个位的进制是十（模 10），即逢十进一。当系统处在 Yr 或 Ry 状态时，个位的进制是五（模 5），即逢五进一，为模 10 时，有效状态为 0110，0111，1000，…，1111，置 D3D2D1D0 为 0110，模 5 时的有效状态为 1011，1100，1101，1110，1111，置 D3D2D1D0 为 1011，由此有如表 3. 10 所示的真值表。

表 3.10　控制个位输出 74LS161 置数端真值表

A	B	D3	D2	D1	D0
0	0	0	1	1	0
0	1	1	0	1	1
1	1	0	1	1	0
1	0	1	0	1	1

逻辑表达式：$D_0 = D_3 = \overline{Y\,y}$，$D_2 = \overline{G\,g}$，$D_1 = 1$。

当状态为 1111 时，74LS161 的状态必须跳入下一个循环，此时进位输出为 1，把它的 RCO 端取非接入置数端 LOAD。

然后，对控制十位输出的 74LS161 进行设计。同设计控制个位输出的 74LS161 基本类似，用系统状态量 A，B 控制十位 74LS161 的置数端 D3D2D1D0。当系统处于 Gr 状态时置 D3D2D1D0 为 1101，当系统处于 Yr 或 Ry 状态时置 D3D2D1D0 为 1111，当系统处于 Rg 状态时置 D3D2D1D0 为 1110，有如表 3. 11 所示的真值表。

表 3.11　控制十位输出 74LS161 置数端真值表

A	B	D3	D2	D1	D0
0	0	1	1	0	1
0	1	1	1	1	1
1	1	1	1	1	0
1	0	1	1	1	1

逻辑表达式：$D_3 = D_2 = 1$，$D_1 = A + B = \overline{G}$，$D_0 = \overline{A} + \overline{B} = \overline{g}$。

同理将 RCO2（U2 的 RCO）端取非接入置数端 LOAD。

最后，要对一些级联进行处理。当计数超过 10 s 时，个位需向十位进位，此时十位计数，其他时间保持不变，通过控制十位的 CLK 端实现这一功能，个位的 RCO1（U1 的 RCO）端取非连接十位的 CLK 端。若个位需进位，即完成一次循环，RCO1 为 1，则十位有脉冲，十位开始计数，其他时刻 RCO1 = 0，十位没有脉冲，十位保持。

设计时，把 RCO1 和 RCO2 同时接入与门输入端，它们的输出端接入主控电路的双上升沿 D 触发器的 CP，当完成一次计时，个位和十位同时完成循环，此时 RCO1 = RCO2 = 1，其他时刻为 0。CP 出现一上升沿，触发器计时，即系统跳到下一个状态，计时器开始下一次计时。

4）主控电路

在设计要求中要实现 4 种状态的自动转换，首先要把这 4 种状态以数字的形态表示出来。可以两位二进制数表示所需状态（00—Gr，01—Yr，11—Rg，10—Ry）和循环状态（00—01—11—10—00）。

计数器可通过有限几个不同状态之间的循环实现不同模值计数，由此设计一模值为 4 的计数器，其输出（代表不同状态）既可以循环转换，也能够控制其他部分电路。利用 74LS74（双上升沿 D 触发器）设计模 4 计数器作为主控部分电路，此内容请自行设计。

总系统电路设计

请根据上述参考设计方案设计总系统电路图。

可用器材

（1）Multisim 仿真软件。

（2）74LS161、74LS04、74LS48、74LS74 等门电路。

（3）七段数码管、555 定时器。

（4）电阻、电容、按钮、LED 灯若干。

（5）数字电路实验箱。

实验步骤及报告要求

（1）请先完成前面相关练习内容，并用 Multisim 软件对总系统进行仿真，记录仿真结果并加以分析。

（2）画出电路图，搭建实物电路并调试。在系统调试中，先将各单元电路调试正常，然后再进行各单元电路之间的连接，要特别注意电路之间高、低电平的配合。电路搭建完毕后通电测试，若测得电路工作不正常，仍可将各单元电路拆开，引入秒脉冲单独调试。

（3）详细记录实验结果，对照设计要求验证功能是否能够实现。

（4）记录和分析实验过程中出现的故障和问题。

（5）回答思考题：各个交通灯的波形图是怎样的？请试画出。

（6）完成实验报告，报告中应包含上述内容和实验总结。

实验 8　四位乘法器设计

设计目的

（1）掌握四位乘法器的工作原理。

（2）掌握移位寄存器、加法器、显示器等模块化器件的逻辑功能及使用方法。

（3）掌握利用基本模块电路综合设计复杂电路的方法。

设计任务和要求

四位乘法器在实际中的应用相当广泛，是某些计算器的基本组成部分。它的设计电路应包括移位寄存、二进制加法、启动运算和结束判断等主要模块。请设计一个四位乘法器，具体要求如下。

（1）输入数据：被乘数 A（0000～1111），乘数 B（0000～1111）；输出数据：乘积 C（00000000～11100001）；其乘积可以存储。

（2）输入命令：启动信号 S1 有效时进行乘法运算，高电平有效。

设计方案分析

1. 总体思路

将乘法运算分解为加法运算和移位运算。根据 B 中某一位 B_i 的值决定部分积 D 与 A 相加或与 0 相加，之后移位，经过 4 次以上运算后得到最终的乘积。对于四位乘法器而言，设 $A=1011$，$B=1101$，则运算过程如图 3.33（a）所示。从乘法运算过程可知，乘法运算可分解为移位和相加两种子运算，而且是多次相加运算，所以是一个累加的过程。实现这一累加过程的方法是，把每次相加的结果用部分积 P 表示，若 B 中某一位 $B_i=1$，把部分积 D 与 A 相加后右移 1 位；若 B 中某一位 $B_i=0$，则把部分积 D 与 0 相加后右移 1 位（相当于只移位不累加）。通过 4 次累加和移位，最后得到的部分积 D 就是 A 与 B 的乘积。

为了便于理解乘法器的算法，将乘法运算过程中部分积 D 的变化情况用图 3.33（b）表示出来。存放部分积的是一个 9 位寄存器，其最高位用于存放在做加法运算时的进位输出。先把寄存器内容清零，再经过 4 次的加法和移位操作就可得到积。注意，每次做加法运算时，被乘数 A 与部分积 D 的 D7 ~ D4 位相加。设 $A=1011$，$B=1101$，其运算结果如图 3.33（b）所示。

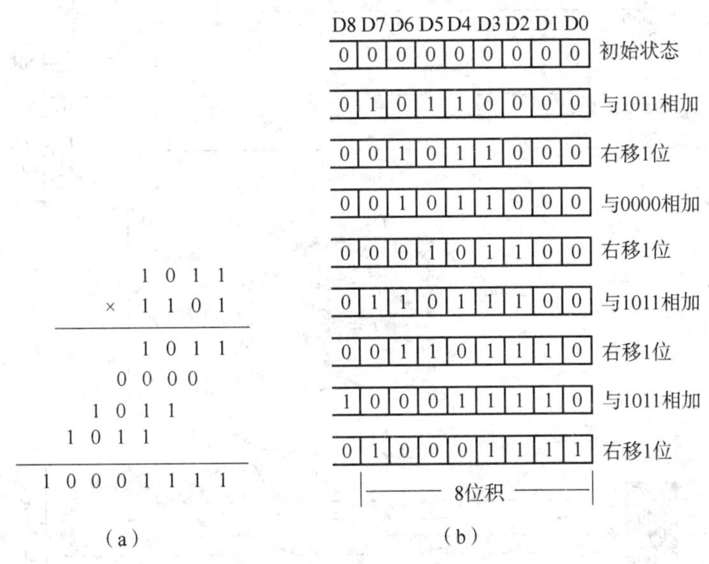

图 3.33　四位乘法运算示意图

2. 单元电路设计

1）输入、显示和移位电路

如图 3.34 所示，被乘数和乘数由 2 个四位开关（S3 和 S4）控制输入，开关左端接高电平5 V，通过开关的闭合表示 0，1；同时，2 个 16 进制数码管（U14 和 U15）用于显示被乘数和乘数。被乘数和乘数被输入到 2 个移位寄存器（74HC194N）进行移位操作，主要功能是右移一位，前面位补零。图 3.34 中最上面 2 个 16 进制数码管（U16 和 U17）为显示输出乘积。

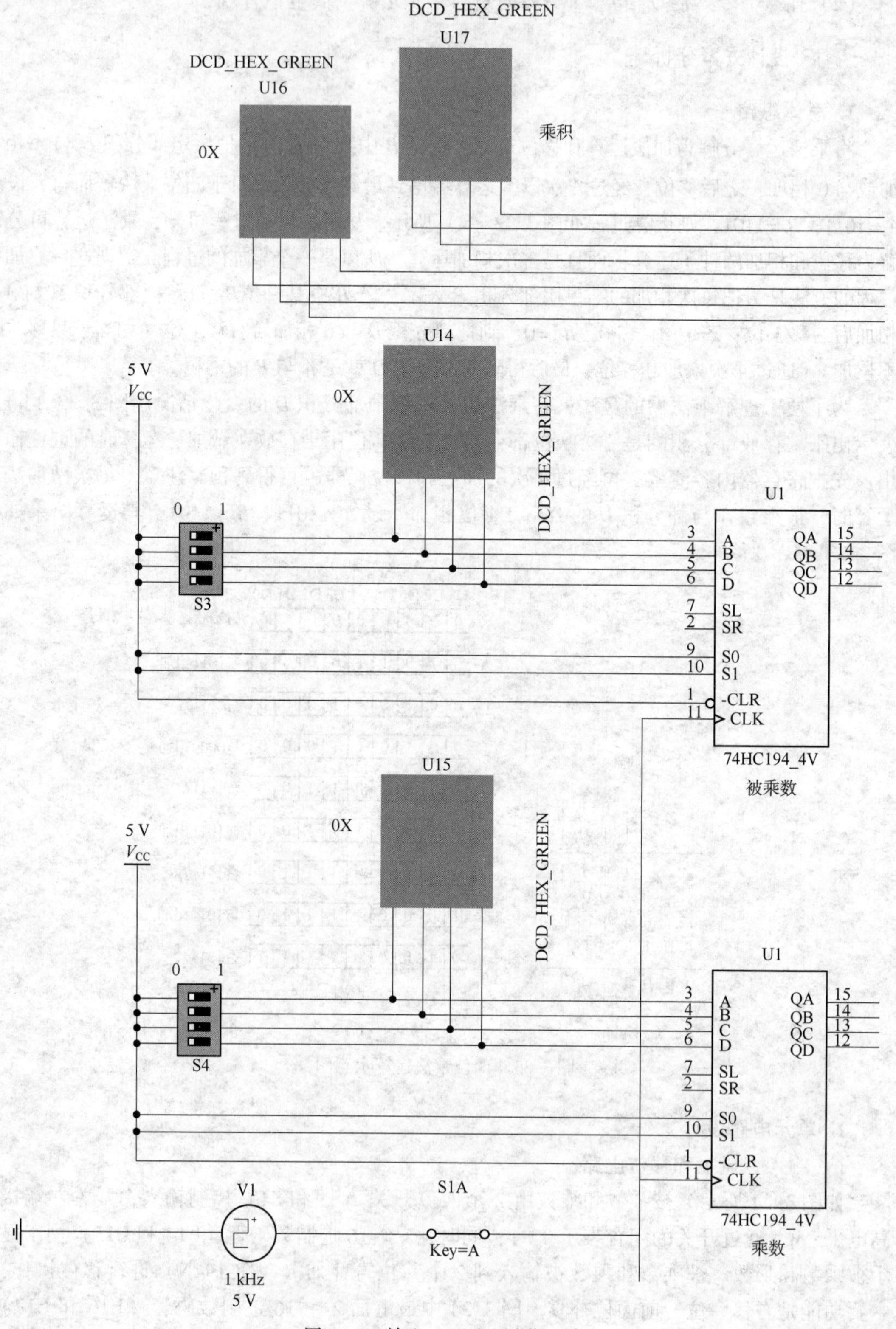

图 3.34　输入、显示和移位电路

2）与门相乘运算电路

如图 3.35 所示，被乘数和乘数移位后输入各个与门（74LS08）进行相乘运算，乘数的每个位分别与被乘数的末位、第三位、第二位和第一位相乘，依次移位相乘。

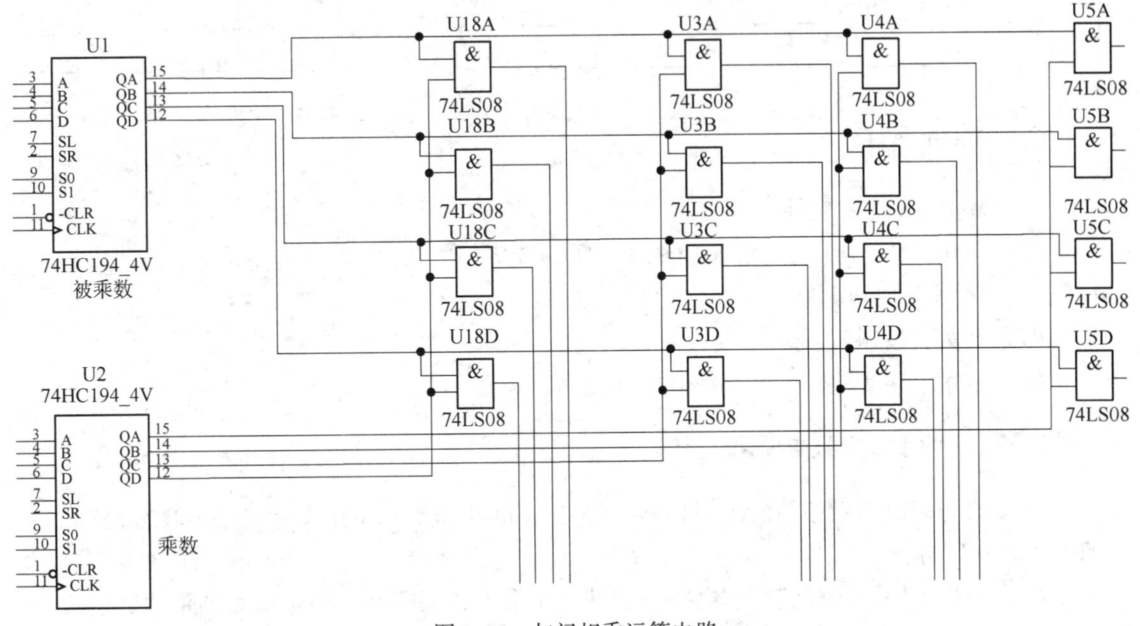

图 3.35　与门相乘运算电路

3）全加器电路

将上述结果输入到全加器（74HC283）内进行补零，与初始状态相加，且结果右移一位，其结果与乘数第二位和被乘数相乘的结果补零后相加，且结果右移一位。然后，其结果与乘数第三位和被乘数相乘的结果补零后相加，且结果右移一位。以此类推，直至乘数第四位与被乘数相乘后补零相加结束，最后右移一位即为最终结果（请自行设计电路）。

4）发光二极管输出显示

将最后的结果输入锁存器（74HC374），然后输出到 8 个发光二极管来表示八位乘积结果（请自行设计电路）。

总系统电路设计

请根据上述各模块电路设计总系统电路图。

【练习】 按表 3.12 进行测试并在表中填写测试结果。

表 3.12　测试结果表

被乘数	乘数	被乘数（2 进制）	乘数（2 进制）	乘积	乘积（2 进制）
3	2				
4	7				
8	5				
9	4				

续表

被乘数	乘数	被乘数（2进制）	乘数（2进制）	乘积	乘积（2进制）
10	11				
13	14				
15	15				

可用器材

（1）Multisim 仿真软件。

（2）74HC194、74HC283、74HC374、74LS08 等门电路。

（3）16 进制数码管。

（4）开关、按钮若干。

（5）数字电路实验箱。

实验步骤及报告要求

（1）请先完成前面相关的练习内容，并用 Multisim 软件对总系统进行仿真，记录仿真结果并加以分析。

（2）画出电路图，搭建实物电路并调试。在系统调试中，先将各单元电路调试正常，然后再进行各单元电路之间的连接，要特别注意电路之间高、低电平的配合。电路搭建完毕后通电测试，若测得电路工作不正常，仍可将各单元电路拆开，引入时钟脉冲单独调试。

（3）详细记录实验结果，对照设计要求验证功能是否能够实现。

（4）记录和分析实验过程中出现的故障和问题。

（5）回答思考题：若使用计数置数法（74LS161）进行四位乘法运算要如何实现？试画出电路。

（6）实验报告中应包含上述内容和实验总结。

实验 9　巡回检测报警器设计

设计目的

（1）深入理解巡回检测报警器的工作原理。

（2）掌握计数器、数据选择器、译码器等模块化器件的逻辑功能及使用方法。

（3）掌握利用基本模块电路综合设计复杂电路的方法。

设计任务和要求

报警器是目前应用最为广泛的一种安防设备，在机关团体、工矿企业、楼堂馆所及家庭住所中到处可见。巡回检测报警器示意图如图 3.36 所示。

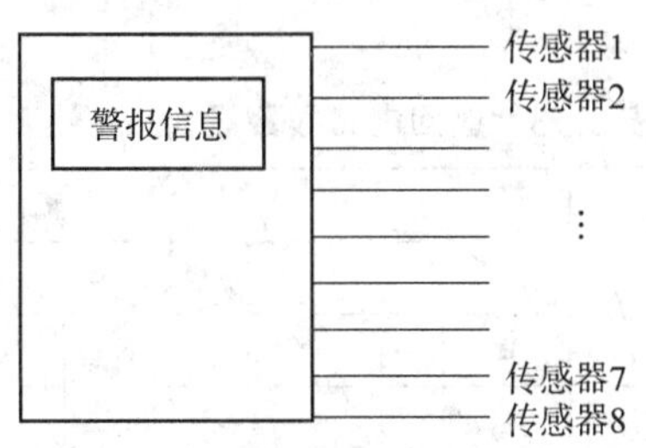

图 3.36　巡回检测报警器示意图

请设计一个巡回检测报警器，具体要求如下：

(1) 能够自动检测 8 路传感器的当前状态；

(2) 若回路状态有变化，停止检测，立刻输出报警信号，并通过数码管显示确定出现变化的回路；

(3) 报警信号解除后，电路继续巡回检测。

设计方案分析

1. 系统的逻辑功能分析

巡回检测报警器的原理图如图 3.37 所示，它由时钟信号模块、信号检测模块、报警编码模块及译码显示模块组成，主要逻辑功能如下所述。

(1) 信号检测模块接受报警编码模块的通道选择信号，逐一对 8 个数据通道进行检测，并向报警编码模块反馈检测到的信号。

(2) 报警编码模块在时钟信号模块的时钟信号驱动下，进行加法计数，并将计数信号作为信号检测通道的选择信号。将信号检测模块的输出信号作为计数停止控制信号，用来暂停计数，同时将当前的计数编码信号送入译码显示模块。

(3) 译码显示模块将编码信号进行译码，获得译码信号后，将译码信号通过数码管显示出来。

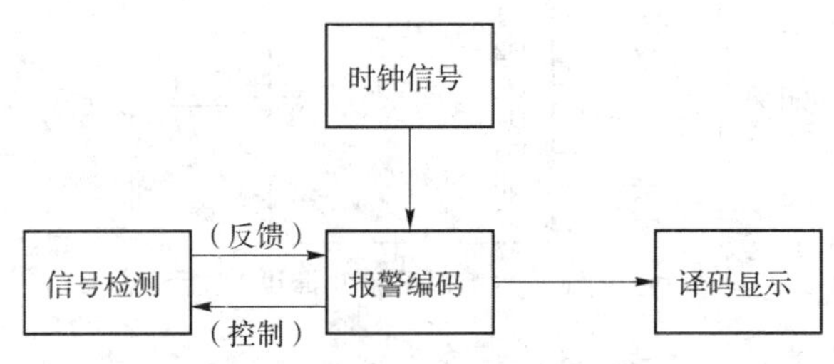

图 3.37　巡回检测报警器的原理图

2. 系统的状态变化分析

巡回检测报警器在时钟信号作用下依次从一个状态转化为下一个状态。输入变量用 $D_0 \sim D_7$ 表示，其值为 1 或 0，表示输入回路有无报警信号。报警输出变量用 $\overline{W}$ 表示，$\overline{W}$ 为 0 或 1 表示有无报警信号，显示译码输出变量高电平有效，用于驱动 7 段共阴极 LED

数码管。电路状态数量为8个，电路状态编号用$S_0 \sim S_7$表示。依据逻辑抽象，可列出电路状态转换表，见表3.13。

表3.13　巡回电路报警器状态转换表

电路状态变化顺序	输入变量	输出变量								
	D_7 D_6 D_5 D_4 D_3 D_2 D_1 D_0	报警	显示译码							
		$\overline{W}$	a	b	c	d	e	f	g	显示
S_0	×	$\overline{D_0}$	1	1	1	1	1	1	0	0
S_1	×	$\overline{D_1}$	0	1	1	0	0	0	0	1
S_2	×	$\overline{D_2}$	1	1	0	1	1	0	1	2
S_3	×	$\overline{D_3}$	1	1	1	1	0	0	1	3
S_4	×	$\overline{D_4}$	0	1	1	0	0	1	1	4
S_5	×	$\overline{D_5}$	1	0	1	1	0	1	1	5
S_6	×	$\overline{D_6}$	0	0	1	1	1	1	1	6
S_7	×	$\overline{D_7}$	1	1	1	0	0	0	0	7

3. 单元电路设计

1）信号检测模块

如图3.38所示，该模块选用8选1数字选择器74LS151。8路输入通道连接拨码开关，模拟8路传感器信号。通过3路地址码CBA实现对8路输入通道D0到D7的信号检测，并通过1路输出端向报警编码模块反馈检测结果信号。

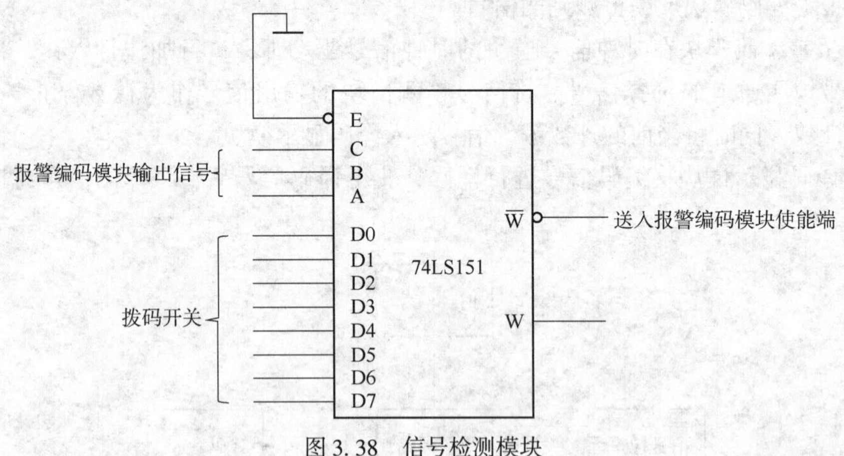

图3.38　信号检测模块

2）报警编码模块

如图3.39所示，该模块选用同步10进制加法计数器74LS160，产生0~7的技术循环。当其工作在加法技术状态时，共有10个状态，采用置数法减少电路状态数量，使其达到有效的8个状态。则当Q3，Q2，Q1，Q0=0时，$\overline{LD}=0$，置数端D=C=B=A=0。当检测到报警信号时，即输出端$\overline{W}=0$时，通过使ET=0，停止计数。当Q3Q2Q1Q0=0111且为报警信号，即D7变为高电平时，置数端优先级高于保持，则无法保持0111信号，因此，当 $\overline{W}=0$ 且 Q3Q2Q1Q0 = 0111 时，$\overline{LD}=1$。

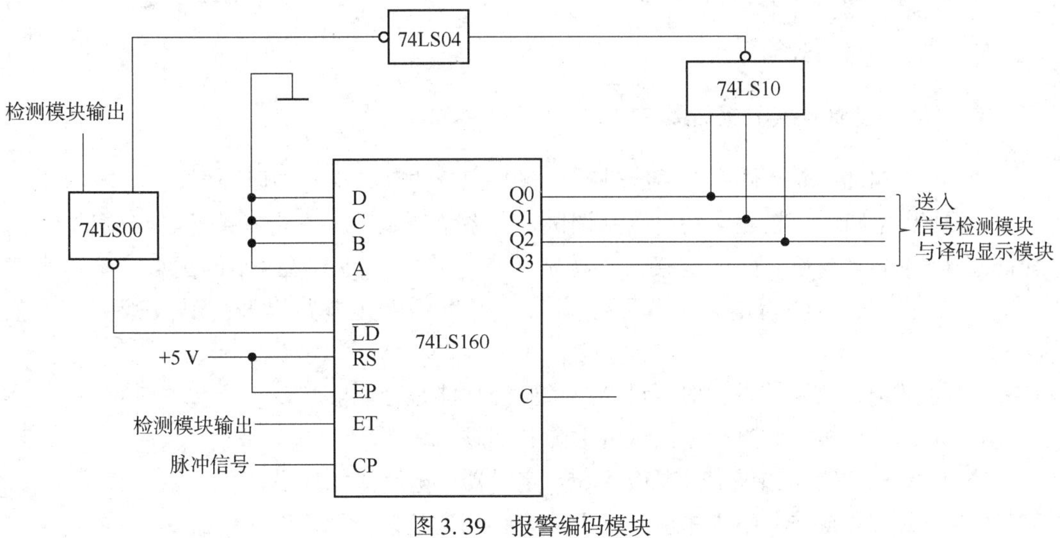

图 3.39　报警编码模块

3）显示译码模块

显示译码模块如图 3.40 所示，使用 1 片 74LS48 对 4 路编码信号 Q3Q2Q1Q0 进行译码，7 路输出信号驱动共阴极 LED 数码管。

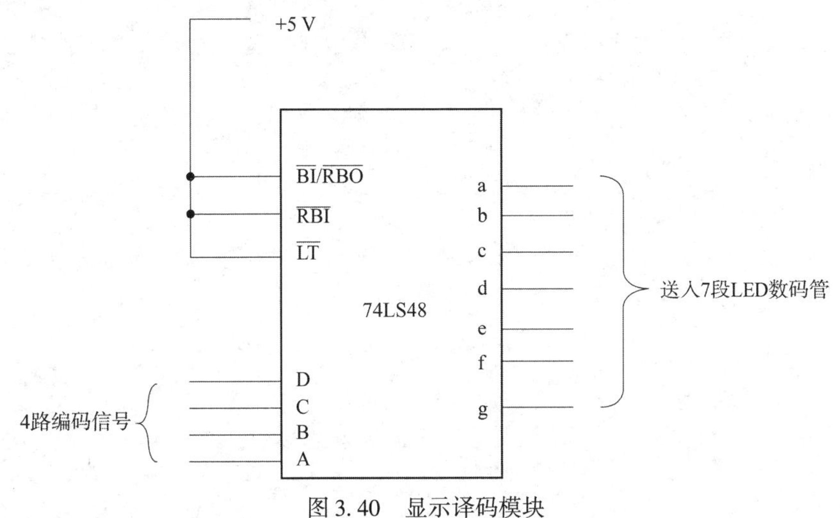

图 3.40　显示译码模块

总系统电路设计

请根据上述各模块电路设计总系统电路图。

设备与器材

（1）Multisim 仿真软件。

（2）74LS151、74LS160、74LS00、74LS04、74LS10、74LS48 等门电路。

（3）4 段数码管。

（4）电阻、按钮若干。

（5）数字电路实验箱。

实验步骤及实验报告要求

（1）请用 Multisim 软件对总系统进行仿真，记录仿真结果并加以分析。

（2）画出电路图，搭建实物电路并调试。在系统调试中，先将各单元电路调试正常，然后再进行各单元电路之间的连接，要特别注意电路之间高、低电平的配合。电路搭建完毕后通电测试，若测得电路工作不正常，仍可将各单元电路拆开，引入秒脉冲单独调试。

（3）详细记录实验结果，对照设计要求验证功能是否能够实现。

（4）记录和分析实验过程中出现的故障和问题。

（5）回答思考题：如果信号源改用 555 定时器，电路该如何设计？

（6）完成实验报告，报告中应包含上述内容和实验总结。

第 4 章　可编程设计实验

实验 1　门电路 Verilog HDL 设计

实验目的

（1）掌握利用 Verilog HDL 设计基本门电路的方法。

（2）熟悉 Vivado 设计流程，包括工程建立、源文件编辑、仿真、综合、实现、下载。

实验仪器

（1）美国 Digilent 公司 Basys 3 系列 FPGA 开发板 1 套。

（2）装有 Vivado 软件的计算机 1 台。

（3）USB 连接线 1 根。

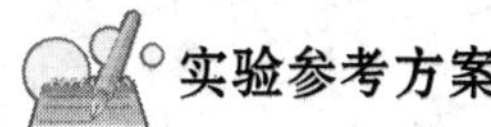

实验参考方案

现将 Verilog HDL 语言的设计流程介绍如下（以二输入门电路为例）。

（1）建立工程：打开 Vivado 软件，创建新的工程项目，工程名称设为“gates2”，同时勾选创建工程子目录的复选框，工程类型为 RTL。上述步骤对应的操作界面见图 4.1、图 4.2、图 4.3。在器件板卡选型界面上（见图 4.4），在【Search】搜索栏中输入该工程实现所用的硬件平台“xc7a35tcpg236”，选中“xc7a35tcpg236 – 1”，单击【Next】，完成工程创建，如图 4.5 所示。

（2）创建设计文件：在【Project Manager】菜单栏下，选择【Add Sources】（见图 4.6），在弹出的【Add Sources】对话框中，可以添加或新建 6 种文件，选择【Add or create design sources】类型（见图 4.7），即添加或设计新文件。

在【Add or Create Design Sources】窗口界面，单击【Create File】(见图 4.8)，弹出【Create Source File】界面（见图 4.9）。在创建源文件界面中，文件类型选择 Verilog，修改文件名称为“gates2”，文件位置保持默认设置为“Local to Project”。单击【OK】，回到【Add or Create Design Sources】窗口界面，单击【Finish】完成创建源文件（见图 4.10）。

在弹出的模块定义窗口【Define Module】（见图 4.11）中，模块名称（Module name）与文件名相同，设置该模块的输入/输出端口（也可在文件中通过 Verilog HDL 语言进行设置），如图 4.11 所示。单击【OK】，即可得到空白的源文件模板。

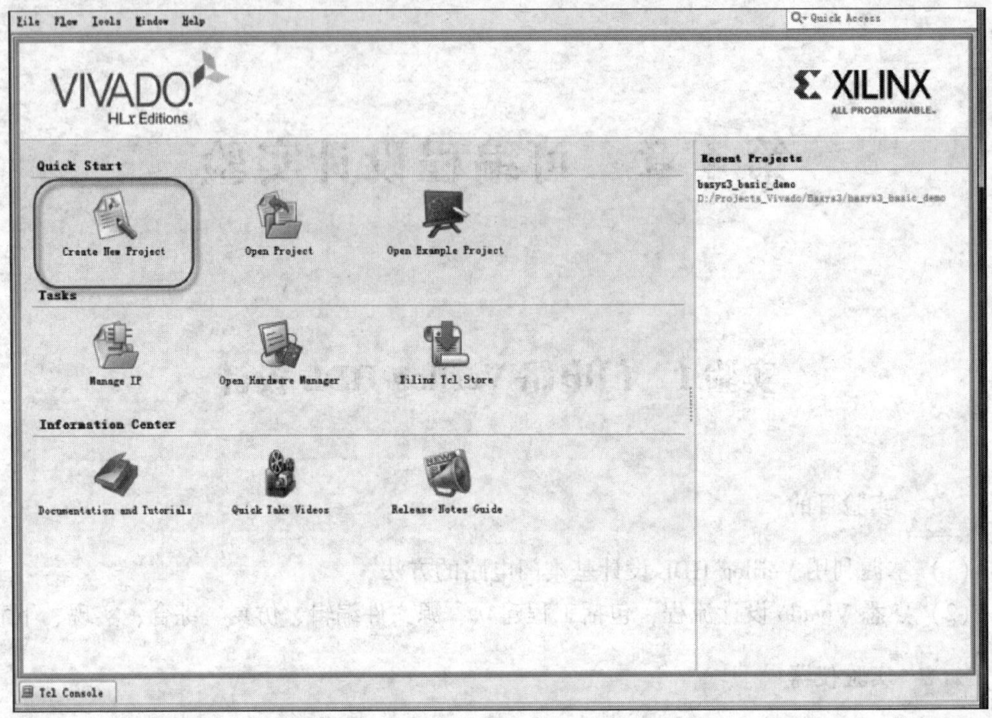

图 4.1 Vivado 主界面

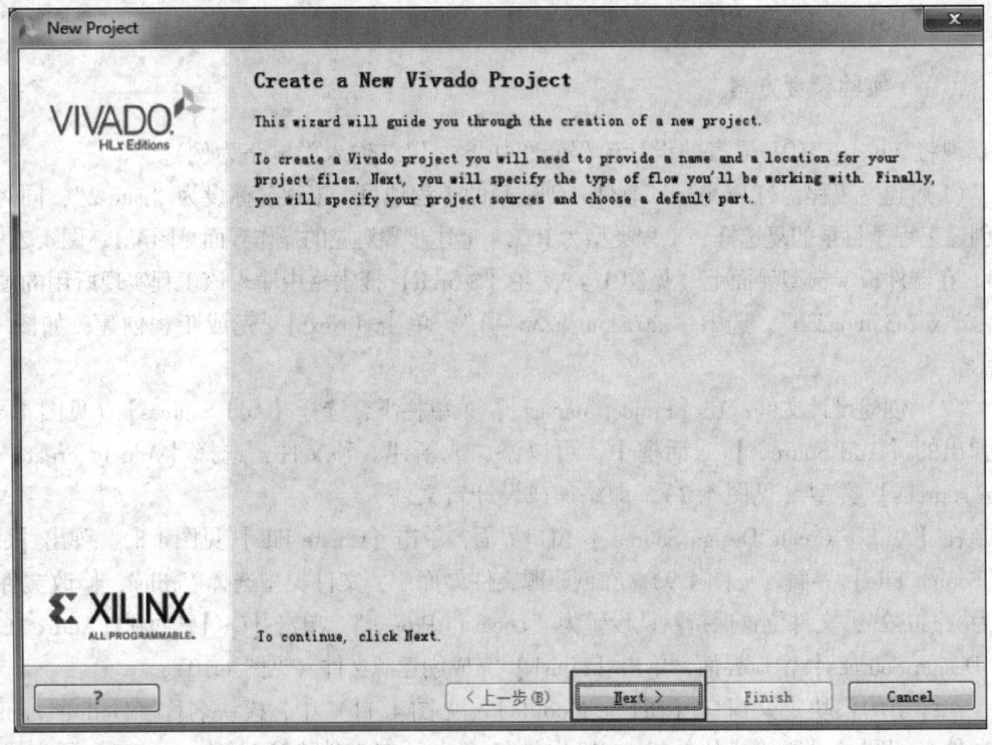

图 4.2 创建新的 Vivado 工程界面

New Project
Project Name
Enter a name for your project and specify a directory where the project data files will be stored.
Project name: gates2
Project location: D:/Projects_Vivado/Basys3/2018ComputerLogicDesign/Lab1_gates2
Create project subdirectory
Project will be created at: D:/Projects_Vivado/Basys3/2018ComputerLogicDesign/Lab1_gates2/gates2
?
< 上一步(B)
Next >
Finish
Cancel

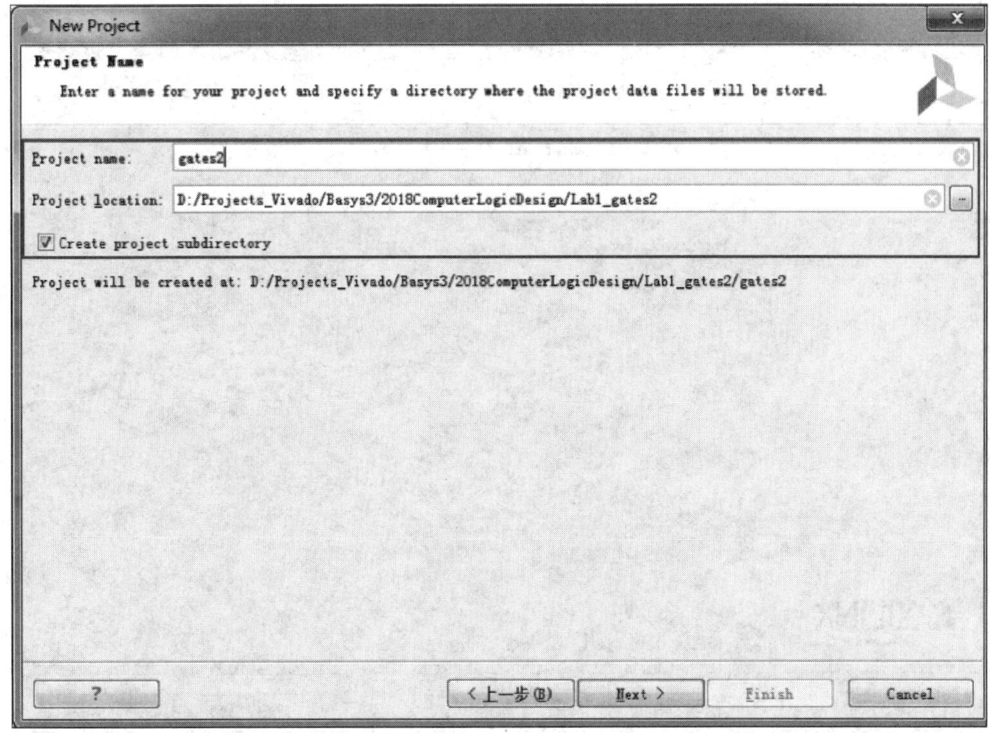

图 4.3　新工程项目命名界面

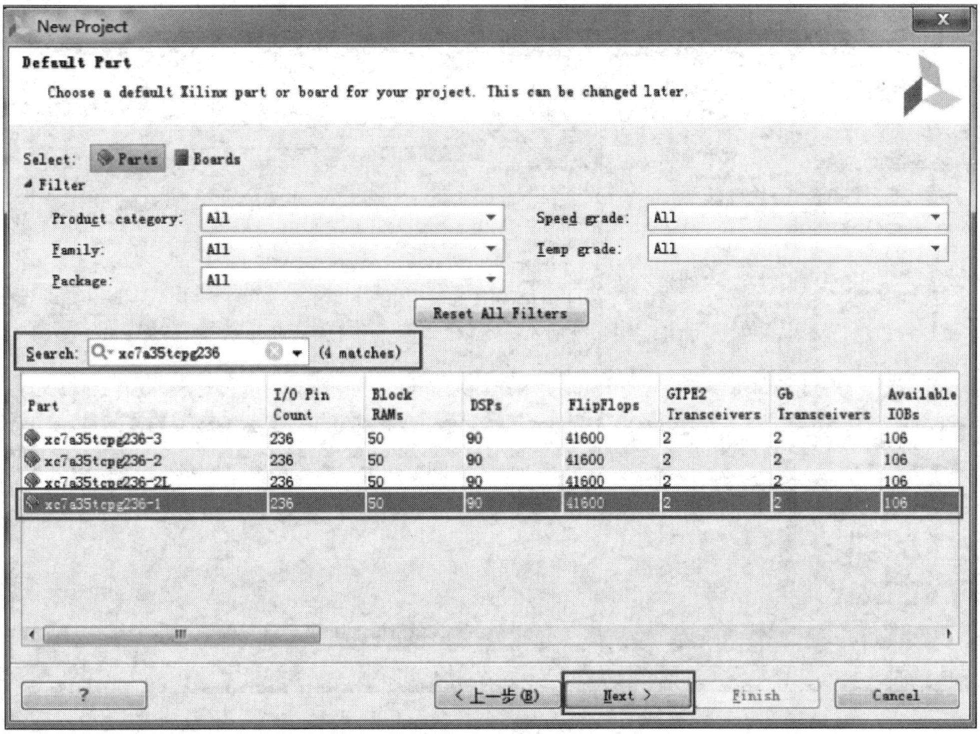
New Project
Default Part
Choose a default Xilinx part or board for your project. This can be changed later.
Select: Parts Boards
Filter
Product category: All
Speed grade: All
Family: All
Temp grade: All
Package: All
Reset All Filters
Search: xc7a35tcpg236 (4 matches)
Part | I/O Pin Count | Block RAMs | DSPs | FlipFlops | GTPE2 Transceivers | Gb Transceivers | Available IOBs
xc7a35tcpg236-3 236 50 90 41600 2 2 106
xc7a35tcpg236-2 236 50 90 41600 2 2 106
xc7a35tcpg236-2L 236 50 90 41600 2 2 106
xc7a35tcpg236-1 236 50 90 41600 2 2 106
?
< 上一步(B)
Next >
Finish
Cancel

图 4.4　器件板卡选型界面

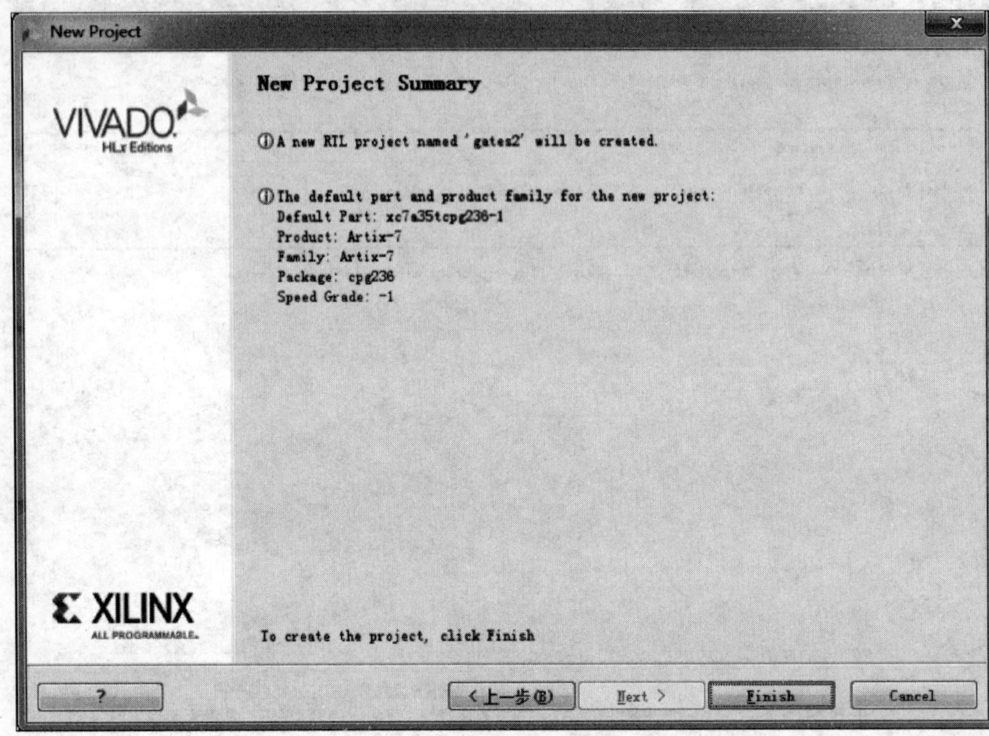

图 4.5　新工程总结对话框

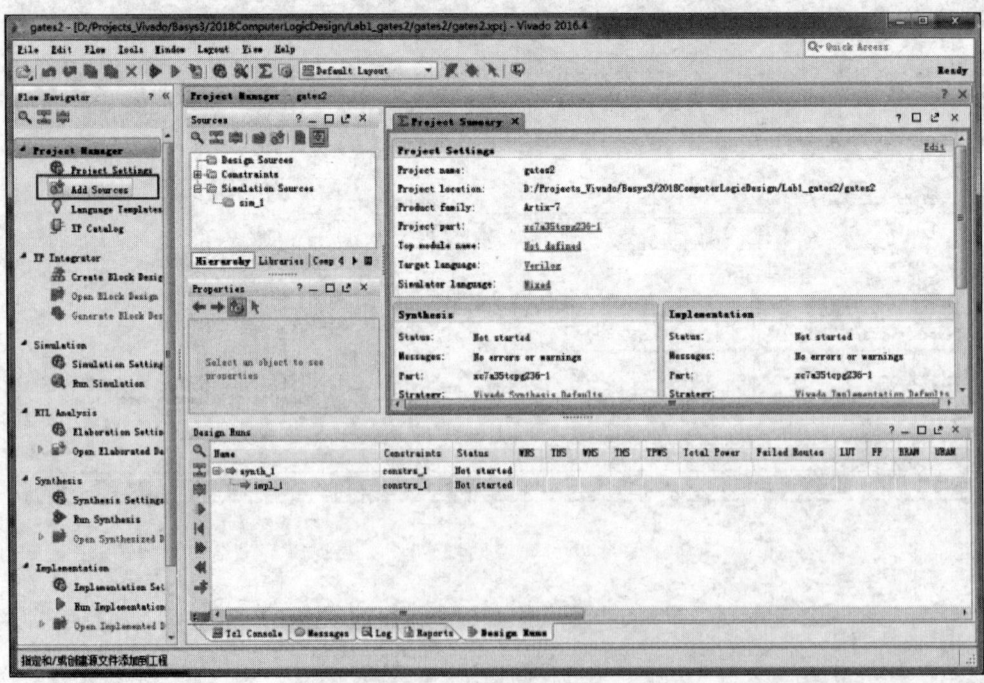

图 4.6　主界面

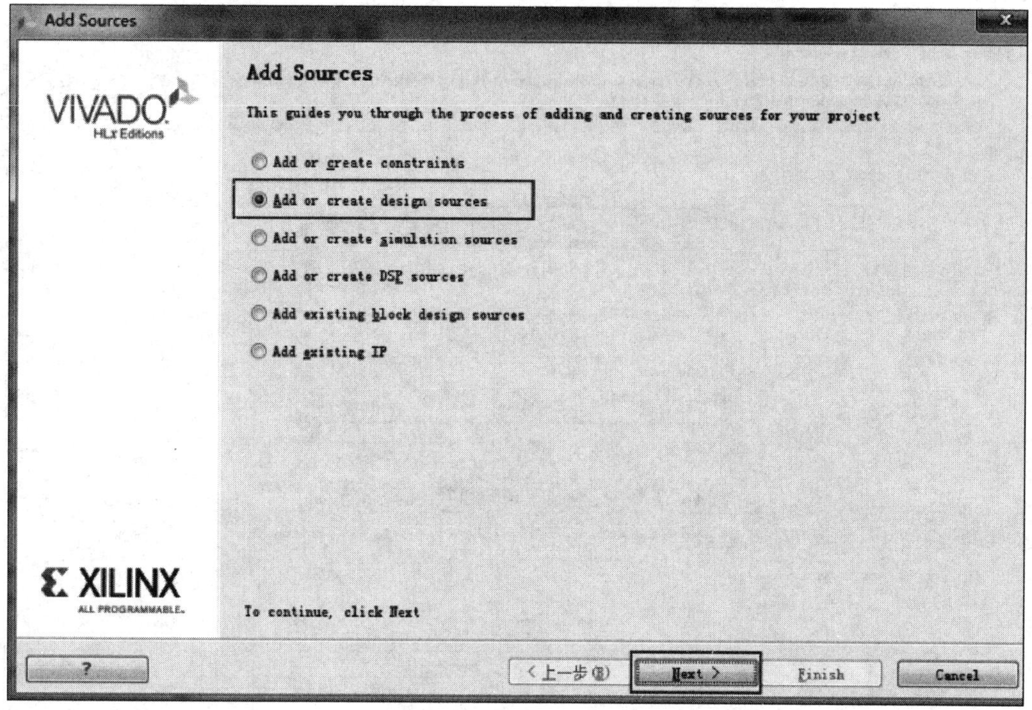

图 4.7　源文件类型选择

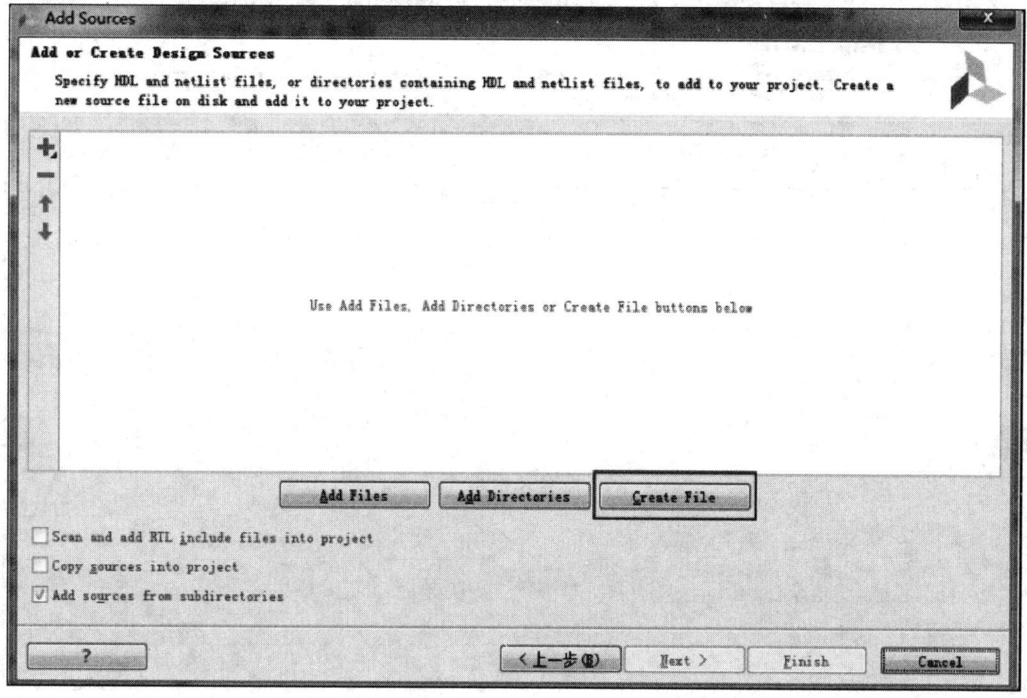

图 4.8　添加或创建源文件界面

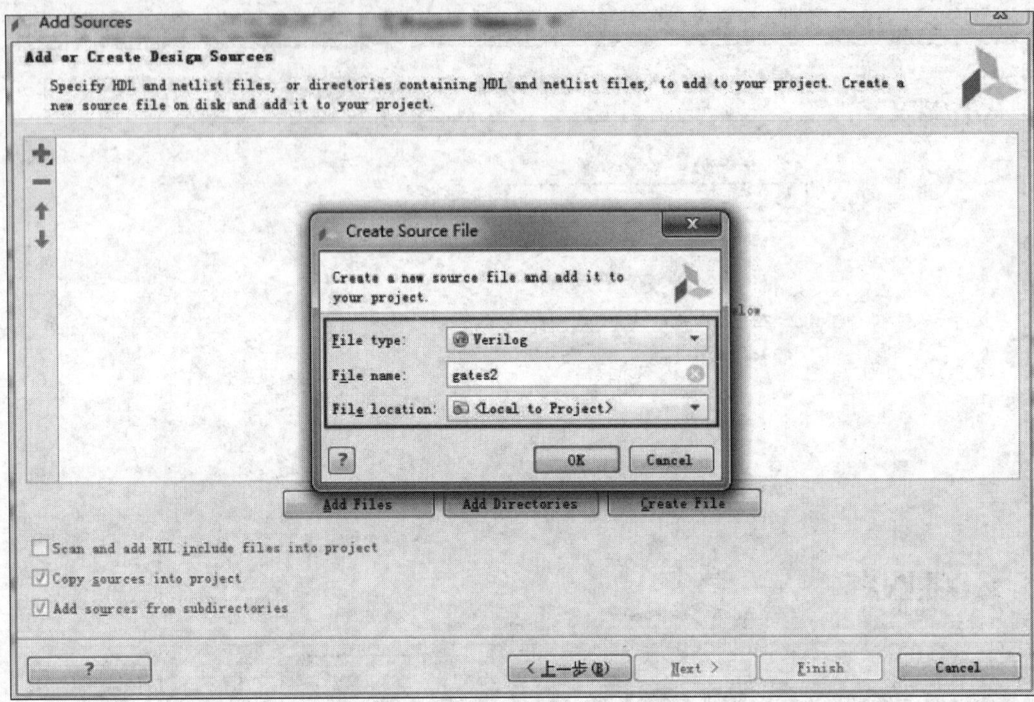

图 4.9　设置源文件窗口

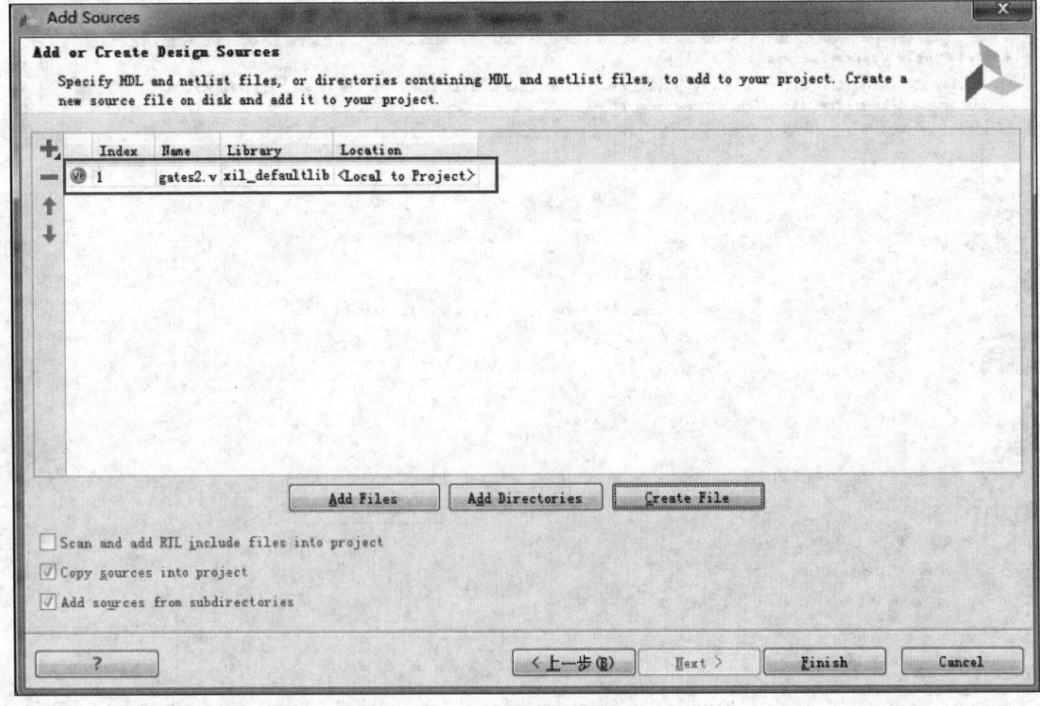

图 4.10　创建源文件窗口

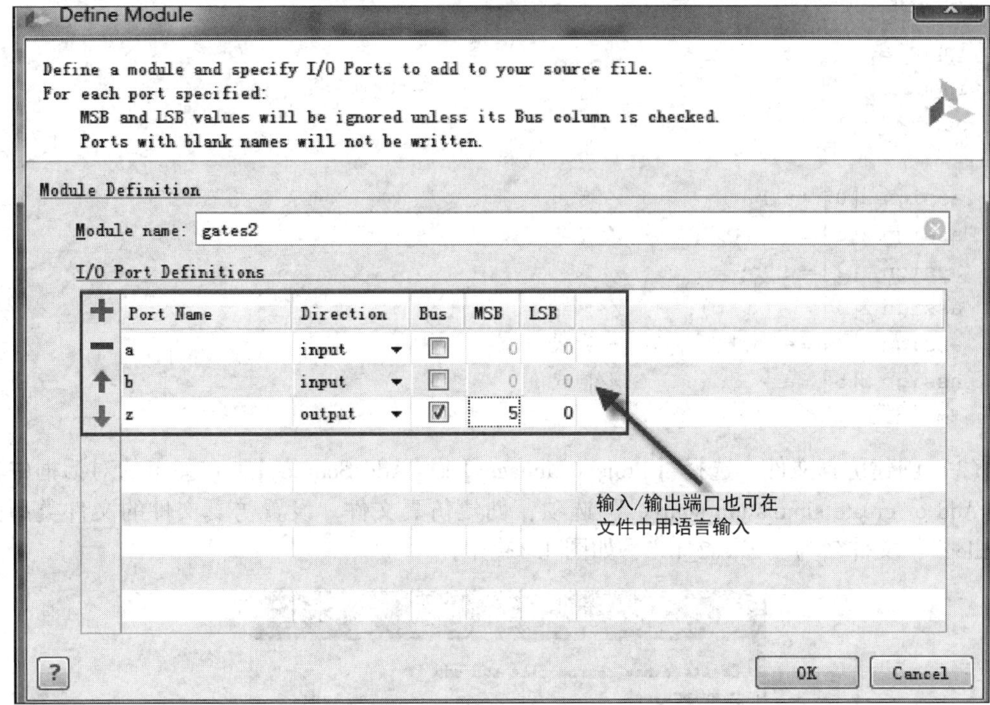

图 4.11　模块定义窗口

在主界面，双击【Sources】窗口【Design Sources】文件夹下的“gates2. v”，如图 4.12所示，在“gates2. v”文件中编写相应的二输入门电路的逻辑。

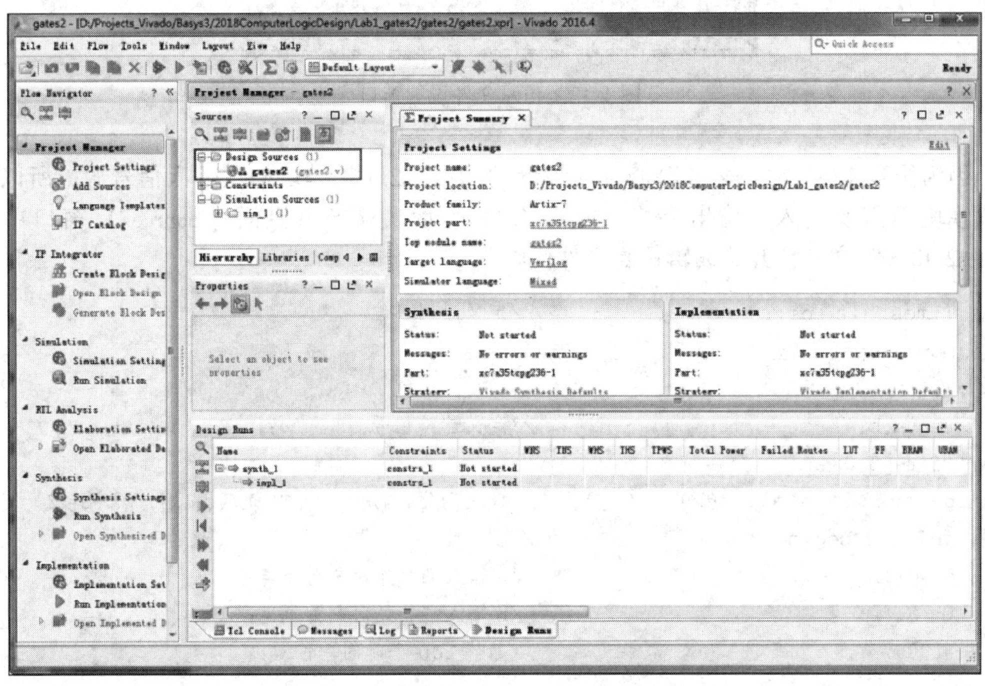

图 4.12　打开“gates2. v”源文件

```
module gates2(
  input a,
  input b,
  output[5:0] z
);
  assign z[0] = a&b;          //与
  assign z[1] = ~(a&b);       //与非
  assign z[2] = a|b;          //或
  assign z[3] = ~(a|b);       //或非
  assign z[4] = a^b;          //异或
  assign z[5] = a~^b;         //同或
endmodule
```

（3）创建仿真文件：选择【Project Manager】|【Add Sources】，在弹出的对话框中选择“Add or create simulation sources”选项，创建仿真文件。设置仿真文件的文件类型为“Verilog”，文件名为“gates2_tb”，如图4.13所示。

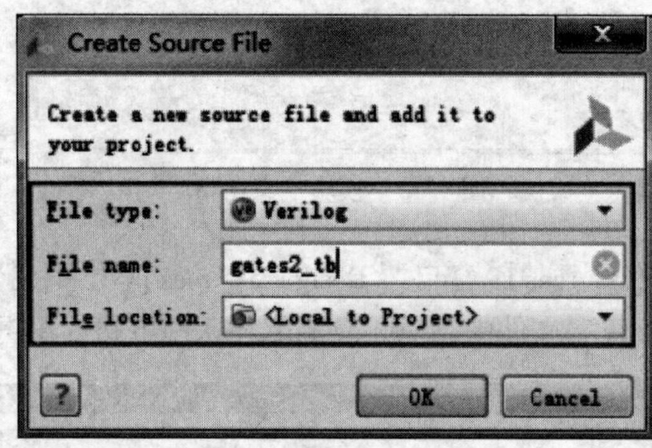

图4.13 仿真文件设置窗口

因为仿真文件“gates2_tb”将为所设计的“gates2.v”模块提供输入信号源，所以该仿真模块不需要输入、输出端口，如图4.14所示。双击主界面【Sources】窗口中的“gates2_tb.v”文件，开始编辑仿真文件代码。

```
Timescale 1ns/1 ns                      //定义时间单位
module gates2_tb(
);
reg a,b;                                //定义连接信号
wire [5:0] z;
gates2 G2(.a(a),.b(b),.z(z));           //模块例化,调用 gates2 模块,按端口顺序连接
initial begin                           //初始化
a =0;                                   //a 输入端初始时刻为低电平
b =0;                                   //b 输入端初始时刻为低电平
#100;                                   //等待 100 个时间单位
end
always begin                            //输入端循环赋值
```

```
    #100 a = 0;
    #200 b = 0;
    #100 a = 1;
    #200 b = 1;
    end
endmodule
```

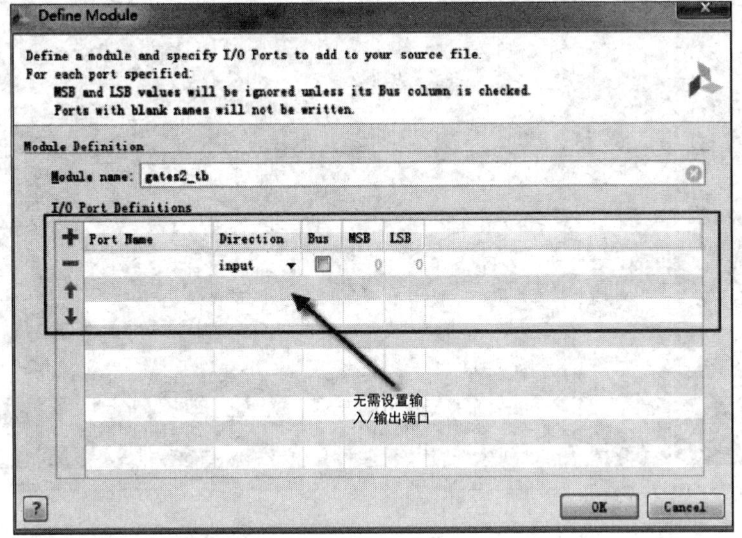

图 4.14　仿真模块端口定义窗口

完成上述工作后，选择【Simulation】|【Run Simulation】|【Run Behavioral Simulation】，即开始行为仿真，如图 4.15 所示。仿真结果如图 4.16 所示。

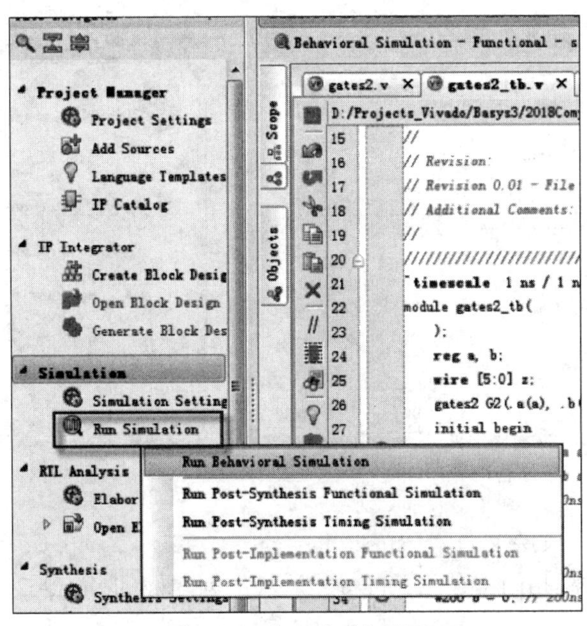

图 4.15　仿真选项主界面

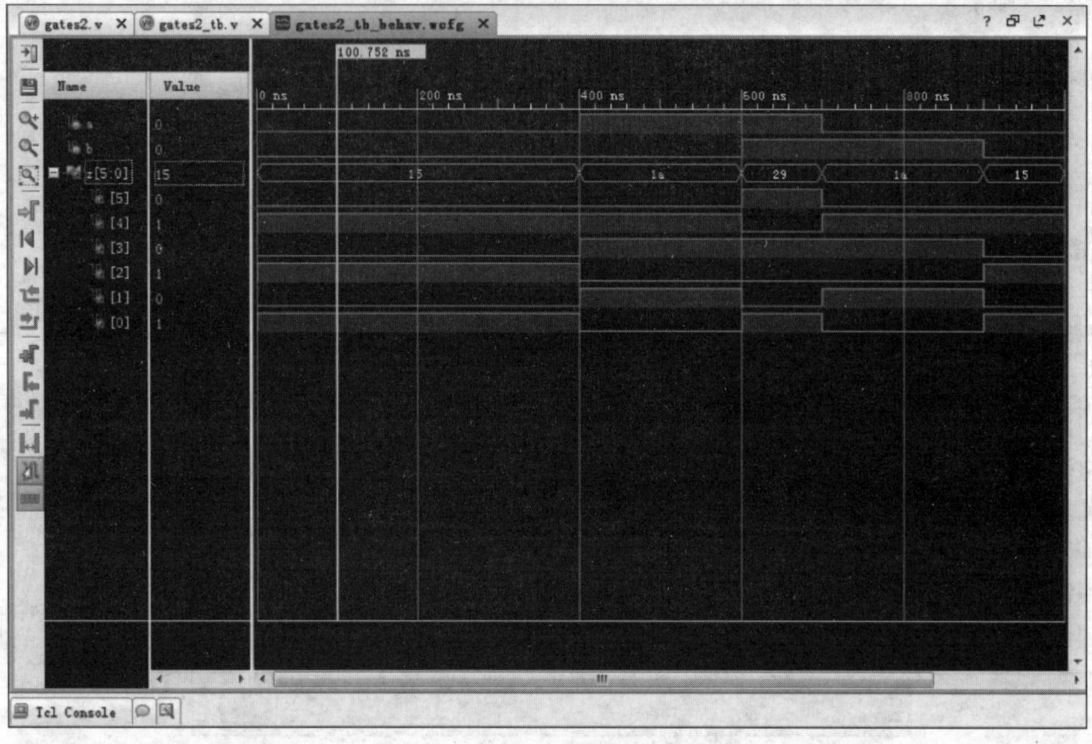

图 4.16　二输入逻辑门仿真波形

（4）综合：选择【Synthesis】|【Run Synthesis】命令进行综合，如图 4.17 所示。综合结束后，暂不进行实现，单击【Cancel】按钮，如图 4.18 所示。

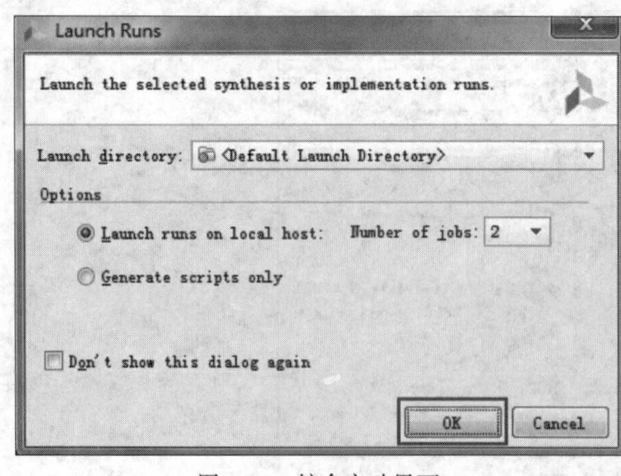

图 4.17　综合启动界面

图 4.18　综合完成界面

（5）实现：编写顶层文件“gates2_top. v”。“gates2_top. v”文件的创建过程与“gates2. v”的创建过程相同，在此不再赘述。双击创建好的“gates2_top. v”文件，编写顶层文件代码。

```
module gates2_top(
  input [1:0] sw,                         //定义两个输入量 sw[0],sw[1]
  output [5:0] ld                         //定义六个输出量 led[0] - led[5]
  );
  gates2 G2(.a(sw[1]),.b(sw[0]),.z(ld)); //gates2 模块例化
endmodule
```

选择【Project Manager】|【Add Sources】，在弹出的对话框中选择【Add or create constraints】，即设计或添加约束文件。定义约束文件名为“gates2_top”，生成“gates2_top. xdc”约束文件，如图 4. 19 所示。

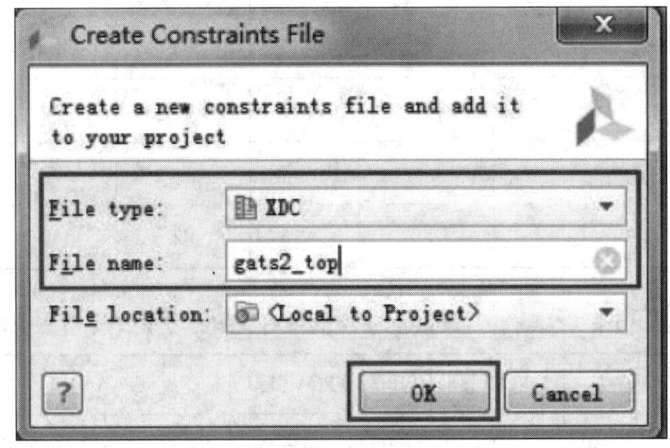

图 4. 19　约束文件设置界面

双击“gates2_top. xdc”，打开约束文件，编写代码。该代码的主要作用是将 Basys 3 板卡上 Artix - 7 FPGA 的引脚与顶层文件中定义的输入端口 sw 和输出端口 ld 进行匹配。表 4. 1是板卡 I/O 信号与 Artix - 7 FPGA 引脚分配表，表 4. 2 是板卡 VGA 信号、Pmod 子板信号与 Artix - 7 FPGA 引脚分配表，详细内容请查看板卡用户手册。

表 4. 1　板卡 I/O 信号与 Artix - 7 FPGA 引脚分配表

LED 信号	FPGA 引脚	数码管信号	FPGA 引脚	SW 信号	FPGA 引脚	其他 I/O 信号	FPGA 引脚
LD0	U16	AN0	U2	SW0	V17	BTNU	T18
LD1	E19	AN1	U4	SW1	V16	BTNR	T17
LD2	U19	AN2	V4	SW2	W16	BTND	U17
LD3	V19	AN3	W4	SW3	W17	BTNL	W19
LD4	W18	CA	W7	SW4	W15	BTNC	U18
LD5	U15	CB	W6	SW5	V15		
LD6	U14	CC	U8	SW6	W14	时钟	FPGA 引脚

续表

LED 信号	FPGA 引脚	数码管信号	FPGA 引脚	SW 信号	FPGA 引脚	其他 I/O 信号	FPGA 引脚
LD7	V14	CD	V8	SW7	W13	MRCC	W5
LD8	V13	CE	U5	SW8	V2		
LD9	V3	CF	V5	SW9	T3	USB（J2）	FPGA 引脚
LD10	W3	CG	U7	SW10	T2	PS2_CLK	C17
LD11	U3	CP	V7	SW11	R3	PS2_DAT	B17
LD12	P3			SW12	W2		
LD13	N3			SW13	U1		
LD14	P1			SW14	T1		
LD15	L1			SW15	R2		

表 4.2　板卡 VGA 信号、Pmod 子板信号与 Artix－7 FPGA 引脚分配表

VGA 信号	FPGA 引脚	JA	FPGA 引脚	JB	FPGA 引脚	JC	FPGA 引脚	JXADC	FPGA 引脚
RED0	G19	JA0	J1	JB0	A14	JC0	K17	JXADC0	J3
RED1	H19	JA1	L2	JB1	A16	JC1	M18	JXADC1	L3
RED2	J19	JA2	J2	JB2	B15	JC2	N17	JXADC2	M2
RED3	N19	JA3	G2	JB3	B16	JC3	P18	JXADC3	N2
GRN0	J17	JA4	H1	JB4	A15	JC4	L17	JXADC4	K3
GRN1	H17	JA5	K2	JB5	A17	JC5	M19	JXADC5	M3
GRN2	G17	JA6	H2	JB6	C15	JC6	P17	JXADC6	M1
GRN3	D17	JA7	G3	JB7	C16	JC7	R18	JXADC7	N1
BLU0	N18								
BLU1	L18								
BLU2	K18								
BLU3	J18								
HSYNC	P19								
VSYNC	R19								

根据表 4.1 和表 4.2 给出的 FPGA 引脚图，编写约束文件如下：

```
set_property PACKAGE_PIN V17 [get_ports sw[0]]    /* 将 sw[0]与板卡上的拨码开关
set_property IOSTANDARD LVCMOS33 [get_ports sw[0]] SW0 匹配,并给 SW0 上电,电压 3.3V */
set_property PACKAGE_PIN V16 [get_ports sw[1]]
set_property IOSTANDARD LVCMOS33 [get_ports sw[1]]
set_property PACKAGE_PIN U16 [get_ports ld[0]]
set_property IOSTANDARD LVCMOS33 [get_ports ld[0]]
set_property PACKAGE_PIN E19 [get_ports ld[1]]
set_property IOSTANDARD LVCMOS33 [get_ports ld[1]]
set_property PACKAGE_PIN U19 [get_ports ld[2]]
set_property IOSTANDARD LVCMOS33 [get_ports ld[2]]
set_property PACKAGE_PIN V19 [get_ports ld[3]]
set_property IOSTANDARD LVCMOS33 [get_ports ld[3]]
set_property PACKAGE_PIN W18 [get_ports ld[4]]
set_property IOSTANDARD LVCMOS33 [get_ports ld[4]]
set_property PACKAGE_PIN U15 [get_ports ld[5]]
set_property IOSTANDARD LVCMOS33 [get_ports ld[5]]
```

选择【Implementation】|【Run Implementation】，完成实现后，弹出如图 4.20 所示的对话框。单击【OK】按钮，生成可供下载的比特流编程文件。

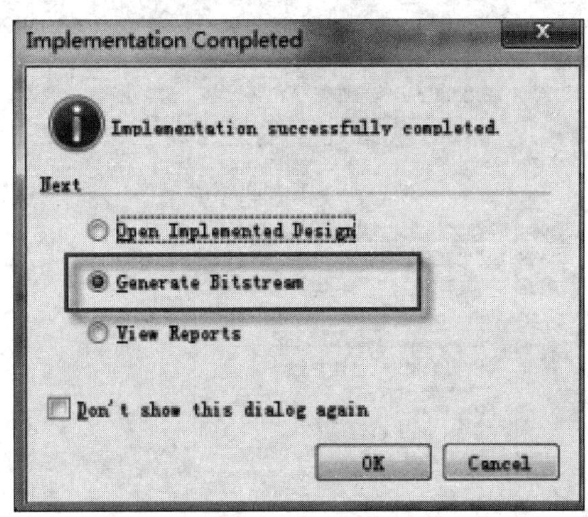

图 4.20　实现完成界面

(6) 下载：首先将 Basys 3 开发板通过 USB 连接线连接到 PC，完成仿真器驱动安装。生成完比特流编程文件后，选择【Program and Debug】|【Open Hardware Manager】，单击【Auto Connect】按钮，自动连接硬件，如图 4.21 所示。连接成功后，右击该芯片 “xc7a35t_0”，从中选择【Program Device】命令，即可实现程序下载，如图 4.22 所示。程序下载后，拨动 Basys 3 开发板上的 SW0，SW1 开关，查看 LD5 ~ LD0 指示灯亮灭情况。

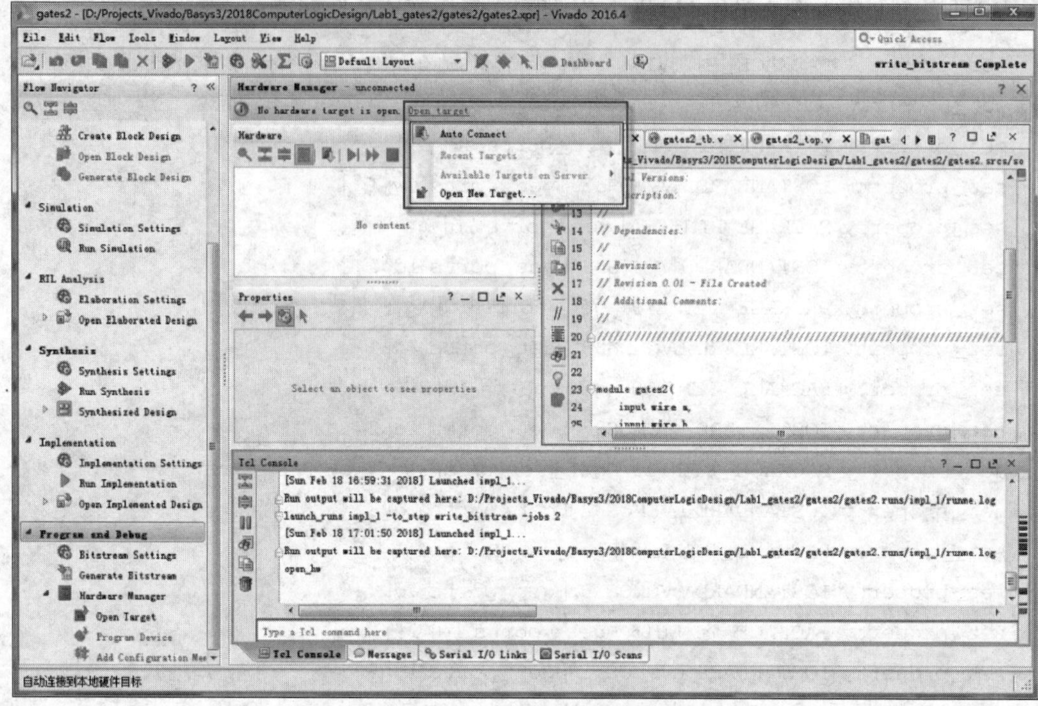

图 4.21　连接硬件界面

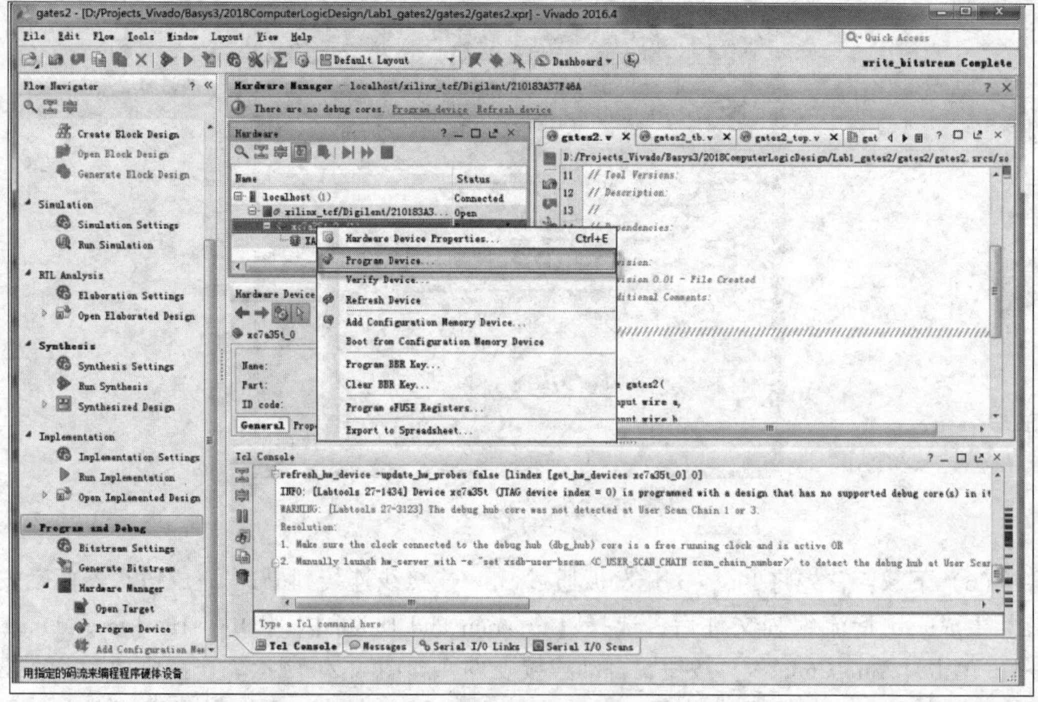

图 4.22　下载程序界面

实验内容与要求

1. 基本实验内容

（1）按照前述实验参考方案实现二输入门电路的 Verilog HDL 设计，给出仿真图，下载到 Basys 3 板卡上，实现门电路功能。

（2）利用 Verilog HDL 设计一个四输入门电路，并满足以下要求。

①该门电路能实现与、或、与非、或非、异或、同或运算，输入端口定义为 input ［3：0］ a，输出端口定义为 output ［5：0］ y。例如：四输入与门的逻辑表达式可以表示为 assign y ［0］ = & a 或 assign y = a ［0］ &a ［1］ & a ［2］ &a ［3］。

②设计仿真文件，得到仿真结果。

③设计顶层文件和约束文件，综合实现后，下载到 Basys 3 板块上验证。

2. 进阶实验内容

利用与非门电路设计简单的应用电路——四人表决电路。

（1）功能：a，b，c，d 四人进行表决，a 同意得 2 分，b，c，d 同意各得 1 分。总分大于或等于 3 分时通过，即 $y = 1$。

（2）要求：

①设计仿真文件，得到仿真结果；

②设计顶层文件和约束文件，综合实现后，下载到 Basys 3 板块上验证。

实验报告要求

1. 基本要求

实验报告应包括下列内容：

（1）Vivado 设计流程总结；

（2）四输入门电路实现方法详细介绍（源代码 + 注释说明）；

（3）测试输入信号，对仿真波形和仿真结果加以简要分析说明；

（4）顶层文件和约束文件，以及 Basys 3 板卡验证成果照片；

（5）实验心得体会。

2. 进阶要求

给出四人表决电路的设计流程（理论推导逻辑表达式、模块实现、仿真结果、板卡验证）。

实验思考题

（1）如果想要改变仿真时间，该如何设置？

（2）比特流文件有什么特点？如果想烧录到 FPGA 的 ROM，该如何设置下载参数？

实验 2　编码器设计

实验目的

（1）掌握普通编码器、优先编码器的基本原理和 Verilog HDL 设计方法。

（2）熟悉组合逻辑电路的设计方法。

实验仪器

（1）美国 Digilent 公司 Basys 3 系列 FPGA 开发板 1 套。

（2）装有 Vivado 软件的计算机 1 台。

（3）USB 连接线 1 根。

实验参考方案

1. 普通编码器原理及典型程序

若输入信号的个数 N 与输出变量的位数 n 满足 $N=2^n$，则此电路称为二进制编码器。常用的二进制编码器有 4 线 -2 线、8 线 -3 线和 16 线 -4 线等。以 8 线 -3 线普通编码器为例，其真值表如表 4.3 所示。由此可推出 8 线 -3 线普通编码器输出信号的最简表达式：

$$\begin{cases} y_2 = x_7 + x_6 + x_5 + x_4 \\ y_1 = x_7 + x_6 + x_3 + x_2 \\ y_0 = x_7 + x_5 + x_3 + x_1 \end{cases} \tag{4.1}$$

表 4.3　8 线 -3 线普通编码器真值表

输入								输出		
x_0	x_1	x_2	x_3	x_4	x_5	x_6	x_7	y_2	y_1	y_0
1	0	0	0	0	0	0	0	0	0	0
0	1	0	0	0	0	0	0	0	0	1
0	0	1	0	0	0	0	0	0	1	0
0	0	0	1	0	0	0	0	0	1	0
0	0	0	0	1	0	0	0	1	0	0
0	0	0	0	0	1	0	0	1	0	1
0	0	0	0	0	0	1	0	1	1	0
0	0	0	0	0	0	0	1	1	1	1

以 8 线 - 3 线普通编码器为例，使用逻辑方程的 Verilog HDL 程序如下：

```
module encode83(
input wire [7:0] x,
output wire [2:0] y,
output wire valid
);
assign y[2] =x[7] | x[6] | x[5] | x[4];
assign y[1] =x[7] | x[6] | x[3] | x[2];
assign y[0] =x[7] | x[5] | x[3] | x[1];
assign valid = |x;
endmodule
```

代码是根据式（4.1）中的逻辑方程实现的。输出变量 valid 是输入信号 x 所有 8 个元素的或，其作用是区分当 y 为 000 时，$x[0]$ 取值的可能性。如果 valid 的值为 1，且输出 y 为 000，则正常情况下可以确定 $x[0]$ 的输入为 1。

8 线 - 3 线普通编码器的 Verilog 程序实现不唯一，也可以用 for 循环语句实现，代码如下：

```
Moduleencode83(
input wire [7:0] x,
output reg [2:0] y,
output reg valid
};
integer i;
always @ ( * )
  begin
    y =0;
    valid =0;                    //值初始化
    for(i =0;i <=7;i =i +1)
      if(x[i] ==1)
          begin
             y =i;
             valid =1;
          end
    end
endmodule
```

2. 优先编码器原理及典型程序

优先编码器与普通编码器的区别在与其输入信号有优先级别，在编码器存在多个输入为高电平时，它会对优先级别最高的信号进行编码。以 8 线 - 3 线优先编码器为例，其真值表如表 4.4 所示。无论 x 的值是 1 还是 0，都没有关系。因为输出的编码对应的是真值表主对角线的那个 1。输入信号 x_7 的优先级最高，x_0 的优先级最低。

8 线 -3 线优先编码器的 Verilog 程序与 8 线 -3 线普通编码器的 for 语句程序相同。这是由于 for 循环是从 0 变化到 7 来判断 $x[i]$ 是否等于 1，从而赋值给 y，因此，x_7 具有最高的优先级。

表 4.4　8 线 -3 线优先编码器真值表

输入								输出		
x_0	x_1	x_2	x_3	x_4	x_5	x_6	x_7	y_2	y_1	y_0
1	0	0	0	0	0	0	0	0	0	0
×	1	0	0	0	0	0	0	0	0	1
×	×	1	0	0	0	0	0	0	1	0
×	×	×	1	0	0	0	0	0	1	0
×	×	×	×	1	0	0	0	1	0	0
×	×	×	×	×	1	0	0	1	0	1
×	×	×	×	×	×	1	0	1	1	0
×	×	×	×	×	×	×	1	1	1	1

实验内容与要求

1. 基本实验内容

（1）按照实验参考方案，用 for 和 if 语句实现 8 线 -3 线优先编码器的 Verilog HDL 设计，8 线输入定义为 sw［7:0］，3 线输出定义为 ld［2:0］，用 valid 作为输出是否为有效编码标志，给出仿真图，下载到 Basys 3 板卡上，实现优先编码器功能。

（2）用 case 语句设计一个 8 线 -3 线普通编码器，8 线输入定义为 sw［7:0］，3 线输出定义为 ld［2:0］，用 valid 作为输出是否为有效编码标志，给出仿真图，下载到 Basys 3 板卡上，实现编码器功能。

（3）用 casex 语句设计一个 8 线 -3 线优先编码器，8 线输入定义为 sw［7:0］，3 线输出定义为 ld［2:0］，用 valid 作为输出是否为有效编码标志，给出仿真图，下载到 Basys 3 板卡上，实现优先编码器功能。

2. 进阶实验内容

设计一个 16 线 -4 线优先编码器，要求：

（1）16 线输入定义为 sw［15:0］，4 线输出定义为 ld［3:0］，用 valid 作为输出是否为有效编码标志；

（2）设计仿真输入（sw 从 0 变化到 65 535，每个状态持续时间 10 ns，仿真时长设为 700 000 ns），给出仿真波形；

（3）设计引脚约束文件，下载到 Basys 3 板卡上，实现优先编码器功能。

实验报告要求

1. 基本要求

实验报告应包含下列内容：

（1）8 线 -3 线普通编码器 case 实现方法详细介绍（源代码 + 注释说明）；

（2）8 线 -3 线优先编码器 casex 实现方法详细介绍（源代码 + 注释说明）；

（3）测试输入信号，对仿真波形和仿真结果加以简要分析说明；

（4）顶层文件和约束文件，以及 Basys 3 板卡验证成果照片；

（5）实验心得体会。

2. 进阶要求

给出 16 线 -4 线优先编码器实现方法的设计流程（真值表、模块实现、仿真结果、板卡验证）。

实验思考题

（1）如果 x_0 优先级最大，x_7 优先级最小，程序代码该怎么实现？

（2）比较 for 语句、case 语句和 casex 语句实现编码器的特点。

实验 3　七段译码器设计

实验目的

（1）掌握七段译码器的基本原理和 Verilog HDL 设计方法。

（2）熟悉组合逻辑电路的设计方法。

实验仪器

（1）美国 Digilent 公司 Basys 3 系列 FPGA 开发板 1 套。

（2）装有 Vivado 软件的计算机 1 台。

（3）USB 连接线 1 根。

实验参考方案

1. 七段译码器原理及典型实现

七段译码器也称七段数码管，如图 4. 23 所示，它包括 7 个 LED 管和 1 个圆形 LED 小数点，按 LED 单元连接方式可以分为共阳极数码管和共阴极数码管。共阳极数码管的特点为将所有发光二极管的阳极接到一起形成公共阳极。若公共阳极 COM 接到逻辑高电平，当某一字段发光二极管的阴极为低电平时，相应字段就点亮；而当某一字段的阴极为高电平时，相应字段就不亮。七段译码器是把一个 4 位二进制数即 16 进制数输入转换为驱动七段 LED 显示管的控制逻辑，其功能表如表 4.5 所示。

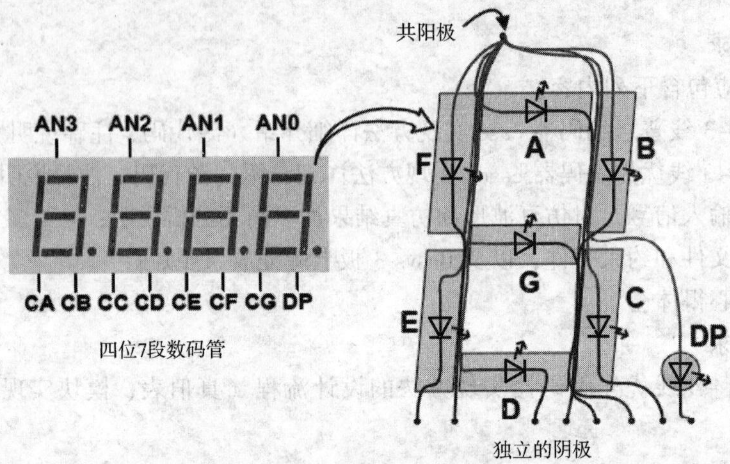

图 4.23 共阳极四位数码管

表 4.5 七段译码器功能表

输入	ABCDEFG
0000	0000001
0001	1001111
0010	0010010
0011	0000110
0100	1001100
0101	0100100
0110	0100000
0111	0001111
1000	0000000
1001	0000100
1010	0001000
1011	1100000
1100	0110001
1101	1000010
1110	0110000
1111	0111000

七段译码器显示部分的 Verilog HDL 程序如下：

```
module hex_7seg
(
```

```
input [3:0] hex,
outputwire dp,                              //小数点
output reg [6:0] a_to_g,
output reg [3:0] an                         //数码管选择
);
 always@ (*) begin
an =4'b1110;
case(hex)
4'h0 : a_to_g [6:0] = 7'b0000001;
4'h1 : a_to_g [6:0] = 7'b1001111;
4'h2 : a_to_g [6:0] = 7'b0010010;
4'h3 : a_to_g [6:0] = 7'b0000110;
4'h4 : a_to_g [6:0] = 7'b1001100;
4'h5 : a_to_g [6:0] = 7'b0100100;
4'h6 : a_to_g [6:0] = 7'b0100000;
4'h7 : a_to_g [6:0] = 7'b0001111;
4'h8 : a_to_g [6:0] = 7'b0000000;
4'h9 : a_to_g [6:0] = 7'b0000100;
4'ha : a_to_g [6:0] = 7'b0001000;
4'hb : a_to_g [6:0] = 7'b1100000;
4'hc : a_to_g [6:0] = 7'b0110001;
4'hd : a_to_g [6:0] = 7'b1000010;
4'he : a_to_g [6:0] = 7'b0110000;
4'hf : a_to_g [6:0] = 7'b0111000;
default : a_to_g [6:0] = 7'b0000001;        //默认为 0
endcase
assign dp = 1;                              //小数点,dp =1 无小数点,dp =0 有小数点
end
endmodule
```

其中，输出量 an 为数码管片选信号。Basys 3 开发板上有 4 个七段数码管，每一个都可以用一个低电平信号（an [3:0]）使能，所有数码管共同拥有 a_to_g [6:0] 信号。如果 an =0000，那么所有显示管将显示相同的 16 进制数。如果 an =1110，那么将只有一个数码管显示。

2. 七段数码管同步显示原理

图 4.24 为七段译码器电路结构图，每个七段数码管都有一个片选信号，而且所有的数码管共同拥有信号 a_to_g [6:0]。为了使 4 个数码管在同一时间的显示数字不一样，需要利用人眼的分辨能力有限的特点，同一时刻只有 1 个数码管点亮，4 个数码管循环快速被点亮，这样就能看到 4 个数码管同时被点亮。实际应用中，数码管的刷新频率应大于 30 Hz。

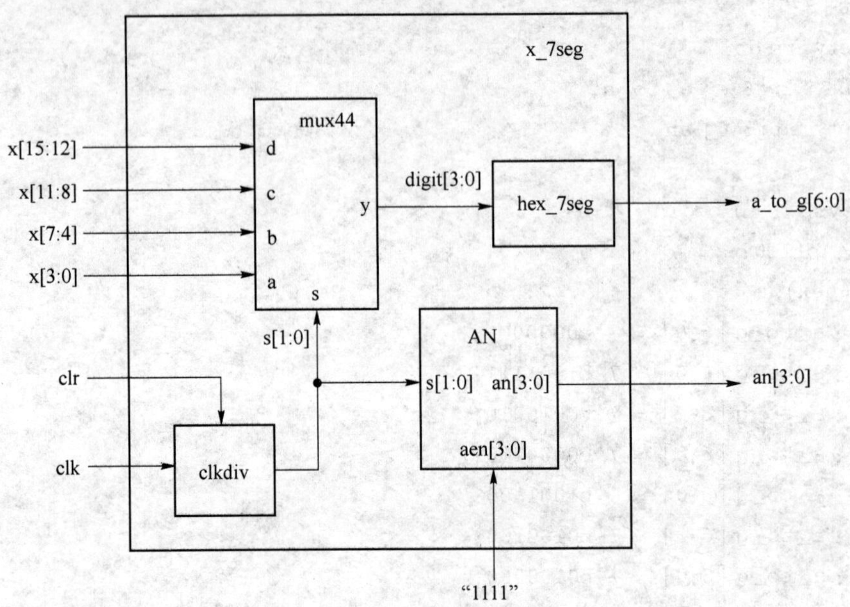

图 4.24　七段译码器电路结构图

以实现 48 Hz 刷新频率为例，七段显示管显示模块的代码如下：

```
module hex_7seg
(
input [15:0] x,                    //4 个数码管显示内容,每个数码管占 4 位
input clk,                         //系统时钟为 100MHz
output wire dp,
output reg [6:0] a_to_g,
output reg [3:0] an                //数码管选择
);
wire [1:0] s;                      //4 选 1 数据选择器
reg [3:0] digit;                   //4 位待译码信号
reg [19:0] clkdiv;                 //分频计数器
always@ ( * ) begin
an =4'b1111;
 assign dp = 1;
 assign s =clkdiv[20:19];          //数据选择器的刷新频率为 100M/(2^21) =48Hz
case(s)
2'b00 : digit = x[3:0];            //点亮第一个数码管
2'b01 : digit = x[7:4];            //点亮第二个数码管
2'b10 : digit = x[11:8];           //点亮第三个数码管
2'b11 : digit = x[15:12];          //点亮第四个数码管
default : digit = x[3:0];
endcase
```

```
end
always @ ( * ) begin
case(digit)
4'h0 : a_to_g [6:0] = 7'b0000001;
4'h1 : a_to_g [6:0] = 7'b1001111;
4'h2 : a_to_g [6:0] = 7'b0010010;
4'h3 : a_to_g [6:0] = 7'b0000110;
4'h4 : a_to_g [6:0] = 7'b1001100;
4'h5 : a_to_g [6:0] = 7'b0100100;
4'h6 : a_to_g [6:0] = 7'b0100000;
4'h7 : a_to_g [6:0] = 7'b0001111;
4'h8 : a_to_g [6:0] = 7'b0000000;
4'h9 : a_to_g [6:0] = 7'b0000100;
4'ha : a_to_g [6:0] = 7'b0001000;
4'hb : a_to_g [6:0] = 7'b1100000;
4'hc : a_to_g [6:0] = 7'b0110001;
4'hd : a_to_g [6:0] = 7'b1000010;
4'he : a_to_g [6:0] = 7'b0110000;
4'hf : a_to_g [6:0] = 7'b0111000;
default : a_to_g [6:0] = 7'b0000001;     //默认为 0
endcase
end
always @ (posedge clk) begin        //每一个系统时钟上升沿,计数器累计加 1
clk <= clk + 1;
end
endmodule
```

实验内容与要求

1. 基本实验内容

按照实验参考方案，设计由 1 个七段译码器和 4 个按键组成的译码显示电路。当按下按键 BTNU 时显示“1”，当按下按键 BTNL 时显示“2”，当按下按键 BTND 时显示“3”，当按下按键 BTNR 时显示“4”，不显示数码管的小数点。具体要求如下：

（1）4 位输入信号定义为 btn [3:0]，7 位输出信号定义为 a_to_g [6:0]，小数点定义为 dp；

（2）设计仿真输入（btn 从 0 变化到 15，每个状态持续时间 10 ns，仿真时长设为 300 ns），给出仿真波形；

（3）设计引脚约束文件，下载到 Basys 3 板卡上，实现译码显示功能。

2. 进阶实验内容

设计由 4 个七段译码器和 16 个拨码开关组成的译码同步显示电路，不显示小数点。具体要求如下：

(1) 16 位输入信号定义为 sw [15:0], 7 位输出信号定义为 a_to_g [6:0], 小数点定义为 dp;

(2) 设计仿真输入 (sw [3:0] = 0001, sw [7:4] = 0010, sw [11:8] = 0100, sw [15:12] = 1000, 仿真时长设为 300 ns), 给出仿真波形;

(3) 设计引脚约束文件, 下载到 Basys 3 板卡上, 实现译码显示功能。

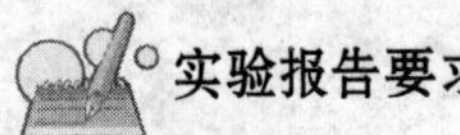

实验报告要求

1. 基本要求

实验报告包括以下内容:

(1) 单个七段译码显示电路实现方法详细介绍 (源代码 + 注释说明);

(2) 测试输入信号, 对仿真波形和仿真结果加以简要分析说明;

(3) 顶层文件和约束文件, 以及 Basys 3 板卡验证成果照片;

(4) 实验心得体会。

2. 进阶要求

给出七段数码管同步显示电路实现方法的设计流程 (模块实现、仿真结果、板卡验证)。

实验思考题

(1) 如果是共阴极的七段译码器, 那么功能表会如何变化?

(2) 如果要使七段数码管滚动显示, 该添加什么功能?

实验 4　8 位补码串行加法器设计

实验目的

(1) 掌握串行加法器的设计, 理解加法的进位和溢位。

(2) 熟悉组合逻辑电路的设计方法。

实验仪器

(1) 美国 Digilent 公司 Basys 3 系列 FPGA 开发板 1 套。

(2) 装有 Vivado 软件的计算机 1 台。

(3) USB 连接线 1 根。

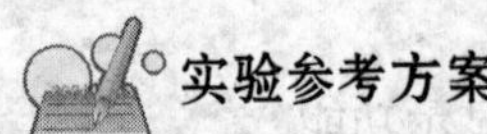

实验参考方案

1. 半加器

半加器由 2 个输入 a 和 b, 1 个加法结果输出 s_0 和 1 个进位输出 c_0 构成, 能实现单个位的相加, 其逻辑表达式为

$$\begin{cases} s_0 = a \oplus b \\ c_0 = a \& b \end{cases} \tag{4.2}$$

其真值表如表 4.6 所示。

表 4.6　半加器的真值表

a	b	s_0	c_0
0	0	0	0
0	1	1	0
1	0	1	0
1	1	0	1

2. 全加器

在多位加法中，必须考虑从低位向高位的进位，这种加法器称为全加器。所以，全加器由 2 个加数输入 a_i 和 b_i，1 个低位进位输入 c_i，1 个加法结果输出 s_i 和 1 个进位输出 c_{i+1} 构成。其逻辑表达式为

$$\begin{cases} s_i = c_i \oplus (a_i \oplus b_i) \\ c_{i+1} = (a_i \& b_i) \mid (c_i \oplus (a_i \oplus b_i)) \end{cases} \tag{4.3}$$

3. 4 位加法器

4 位加法器结构图如图 4.25 所示，从图中可以看出，4 位加法器可用 4 个 1 位全加器构成，最低位的进位输入被置为 0，之后每一位的进位输入均来自低位的进位输出，最高位的进位输出为整个加法运算的进位。

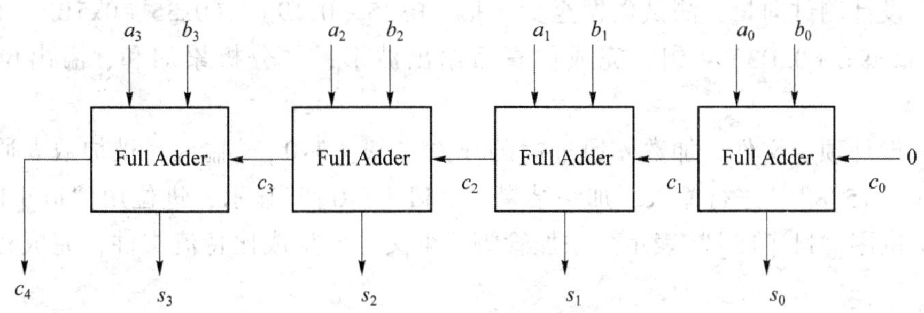

图 4.25　4 位加法器结构图

以 4 位加法器模块为例，给出 Verilog 程序。其中进位输出 cf 被定义为内部连线：

```
module adder4a(
 input wire [3:0] a,
 input wire [3:0] b,
 ouput wire [3:0] s,
 output wire cf
 );
 wire [4:0] c;
 assign c[0] =0;
```

```
assign s = a^b^c[3:0];
assign c[4:1] = a&b |c[3:0]&(a^b);
assign cf = c[4];
endmodule
```

实验内容与要求

1. 基本实验内容

结合实验参考方案，设计1个4位加法器adder4a的仿真文件和顶层文件，实现4位加法器的仿真和实物调试验证。要求：

(1) 设计测试向量，测试数据至少为4组，完成仿真后给出波形，并分析累加和、溢出位和进位信号；

(2) 设计顶层文件，加数 a 通过拨码开关“sw [3:0]”输入，被加数 b 通过拨码开关“sw [7:4]”进行输入，加法结果用“ld [3:0]”显示，进位用“ld [14]”表示，溢出位用“ld [15]”表示。添加管脚约束文件，生成比特流文件，完成程序下载测试。

2. 进阶实验内容

设计一个8位串行加法器，要求：

(1) 设计1位全加器模块，命名为full_adder_1bit；

(2) 采用元件调用（例化）方式设计8位串行全加器，要有进位（cf）和溢出位（ovf）输出，a，b 为8位输入变量，即a [7:0]，b [7:0]；

(3) 设计测试向量，测试数据至少包括（0x35 + 0x19）、（0x35 + 0x5B）、（0x35 + 0xD3）、（0x9E + 0xD3）4组，完成仿真后给出波形，并分析累加和、溢出位和进位信号；

(4) 设计顶层文件，加数 a 通过拨码开关“sw [7:0]”输入，被加数 b 通过拨码开关“sw [15:8]”进行输入，加法结果用“ld [7:0]”显示，进位用“ld [14]”表示，溢出位用“ld [15]”表示。添加管脚约束文件，生成比特流文件，完成程序下载测试。

实验报告要求

1. 基本要求

实验报告包括以下内容：

(1) 4位加法器电路实现方法的详细介绍（源代码 + 注释说明）；

(2) 测试输入信号，对仿真波形和仿真结果加以简要分析说明；

(3) 顶层文件和约束文件，以及Basys 3板卡验证成果照片；

(4) 实验心得体会。

2. 进阶要求

给出8位串行加法器电路设计流程（模块实现、仿真结果、板卡验证）。

实验思考题

（1）如果要设计减法器，程序该如何设计？

（2）试设计 1 个 4 位串行减法器，并分析加法器和减法器设计的区别。

实验 5　16 位环形移位寄存器设计

实验目的

（1）掌握移位寄存器的原理和 Verilog HDL 设计。

（2）掌握按钮开关消抖电路的原理和 Verilog HDL 设计。

（3）熟悉时序逻辑电路的设计方法。

实验仪器

（1）美国 Digilent 公司 Basys 3 系列 FPGA 开发板 1 套。

（2）装有 Vivado 软件的计算机 1 台。

（3）USB 连接线 1 根。

实验参考方案

1. 移位寄存器的工作原理

寄存器是用来暂时存储二进制数据的电路，由具有存储功能的锁存器或触发器组成。寄存器按功能可分为基本寄存器和移位寄存器，基本寄存器主要实现数据的并行输入/并行输出；移位寄存器主要实现数据的串行输入/串行输出。1 位寄存器电路图如图 4.26 所示。

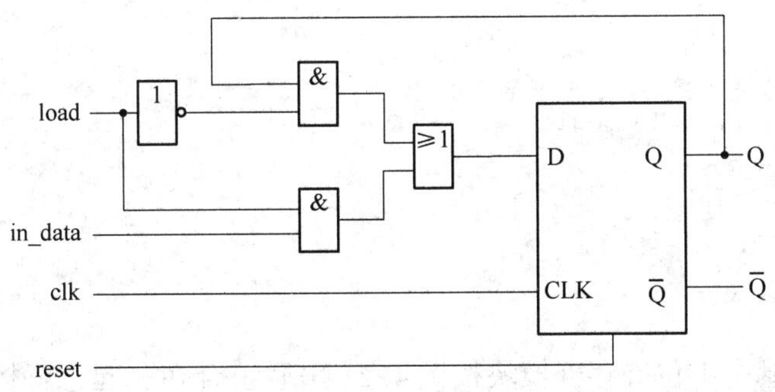

图 4.26　1 位寄存器电路图

在图 4.26 中，如果 D 为 1，那么在时钟的上升沿，D 触发器的输出 Q 将变为 1；如果 D 为 0，那么在时钟的上升沿，D 触发器的输出 Q 将为 0。在实际的数字系统中，一般 D 触发器的时钟输入端始终都有时钟信号输入。这就意味着在每个时钟的上升沿，当前 D

的输出值都将被锁存在 Q 中，而时钟的变化频率通常是几百万次每秒。为了设计一个 1 位寄存器，它可以在需要时从输入线 in_data 加载一个值，给 D 触发器增加一根输入线 load。当想要从 in_data 加载一个值时，就把 load 设置为 1，那么在下一个时钟上升沿，in_data的值将被存储在 Q 中。1 位寄存器真值表如表 4.7 所示，其中当 load 为 1，在下一个时钟上升沿来到时，输入端 in_data 的值将被存储在 Q 中，否则存储器输出保持不变。

表 4.7　1 位寄存器真值表

时钟	输入			输出
CLK	reset	load	in_data	Q^{n+1}
×	0	×	×	0
↑	1	1	in_data	in_data
↑	1	0	×	Q^n
非↑	1	×	×	Q^n

典型的基本 1 位寄存器 Verilog 程序如下：

```
module reg1bit(
input wire load,
input wire clk,
input wire reset,
input wire in_data,
output reg Q
);
always @ (posedge clk or posedge reset) begin
  if (reset = =1) begin
      Q< =0;
  end
  else if (load = =1) begin
      Q< =in_data;
  end
end
  endmodule
```

如果将 4 个基本 1 位寄存器模块按图 4.27 串联组合在一起，就构成一个 4 位环形移位寄存器。其中移位寄存器的 q0 与 D3 相连，并且在这 4 个触发器中只有一个输出为 1，另外三个为 0。把 clr 信号接到触发器 q0 的 S 输入端，而不是 R 输入端，这样就把 q0 的值初始化为 1。在这个环形触发器中唯一的一个 1 将在 4 个触发器中不断循环。也就是说，各触发器每 4 个时钟周期输出一次高电平脉冲，该高电平脉冲沿环形路径在触发器中传递。

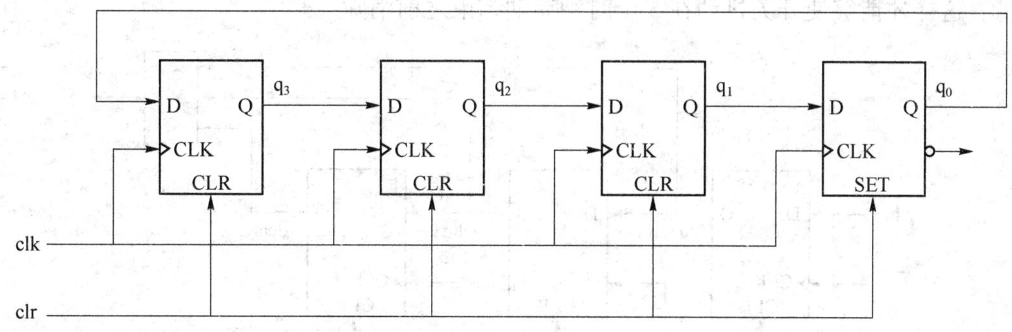

图 4.27　4 位环形移位寄存器结构图

典型的 4 位环形移位寄存器 Verilog 程序如下：

```
module ring4(
  input wire clk,
  input wire clr,
output reg [3:0] Q
);
always @  (posedge clk or posedge clr) begin
  if (clr = =1) begin
    Q< =1;
  end
  else begin
    Q[0] < =Q[3];
    Q[3:1] < =Q[2:0];
  end
end
endmodule
```

2. 消抖电路

当按下板卡上的任何按钮时，在它们稳定下来之前都会有几毫秒的轻微抖动，这就意味着输入到 FPGA 的并不是清晰的从 0 到 1 的变化，而可能是几毫秒的时间里有从 0 到 1 的来回抖动。在时序电路中，在一个时钟信号上升沿到来时发生这种抖动将可能产生严重的错误。因为时钟信号改变的速度要比开关抖动的速度快，可能把错误的值锁存到了寄存器中，所以，当在时序电路中使用按钮开关时，消除它们的抖动是非常重要的。

图 4.28 所示电路可以用于消除输入信号 inp 时产生的抖动。它的基本原理是利用 3 个 D 触发器对输入信号进行低频采样。如果三次采样点的信号均为高电平信号，则通过与门运算输出为高电平，此时认为按钮被按下；如果三次采样点的信号中至少有一次是低电平信号，那么通过与门运算输出为低电平，此时则认为之前检测到的高电平信号是抖动产生，并不是真正地按下了按钮。电路消抖的关键是输入时钟信号 clk 的频率必须足

够低，这样才能够使开关抖动在 3 个时钟周期结束之前消除。

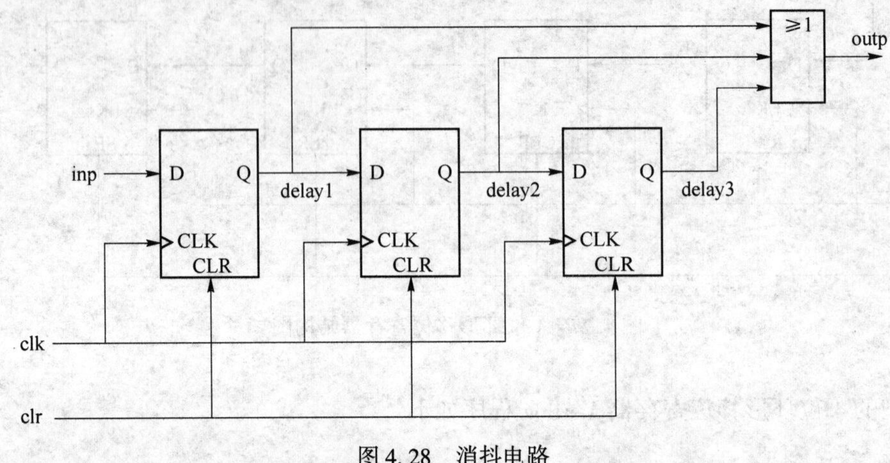

图 4.28　消抖电路

5 个按钮开关消除抖动的 Verilog 程序如下：

```
module debounce4(
  input wire [4:0] inp,
  input wire clk,
  input wire clr,
output wire [4:0] outp
);
  reg [4:0] delay1;
  reg [4:0] delay2;
  reg [4:0] delay3;
  always @ (posedge clk or posedge clr) begin
    if (clr = =1) begin
      delay1 < =5'b00000;
      delay2 < =5'b00000;
      delay3 < =5'b00000;
    end
    else begin
      delay1 < = inp;
      delay2 < = delay1;
      delay3 < = delay2;
    end
 end
 assign outp = delay1&delay2&delay3;
 endmodule
```

实验内容与要求

结合实验参考方案，设计一个 16 位的带有异步复位（置数）的 16 位环形移位寄存器，实现从 0x0001→0x8000→0x4000→0x2000→0x1000→…→0x0002→0x0001 循环计数。设计时需满足以下要求。

（1）设计仿真输入文件，给出仿真波形，说明环形移位寄存器设计的正确性；

（2）利用 Basys 3 板卡上的时钟源（100 MHz）通过分频输出一个频率为 48 Hz 的时钟，将该时钟作为后续按键消抖时钟。

（3）用 Verilog HDL 设计一个按键输入消抖电路，该电路需要具备异步清零功能，参考图 4.28。设计仿真文件，给出仿真波形，分析说明只有输入信号在连续 3 个时钟周期都为 1 时，输出才为 1，反之，输出将保持为 0。

（4）设计一个顶层文件和约束文件，调用上述设计的 3 个元件模块实现调试。其中，用移位寄存器的输出状态 q [15:0] 控制指示灯 ld [15:0]；按下异步复位按键 BTNC 后，移位寄存器的输出状态为 0x0001（只有 ld0 亮，其他全灭）；按下一次 BTNR 按键，移位寄存器的状态右移一位（BTNR 需要经过消抖电路后输出，然后作为移位寄存器的时钟用）。

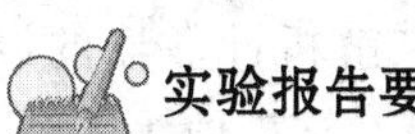

实验报告要求

实验报告中需包括以下内容。

（1）16 位移位寄存器实现方法的详细介绍（源代码 + 注释说明）。

（2）消抖电路实现方法的详细介绍（源代码 + 注释说明）。

（3）设置测试输入信号后进行仿真，给出仿真波形和仿真结果并加以简要分析说明。

（4）给出顶层文件和约束文件，并给出 Basys 3 板卡验证成果照片。

（5）实验心得体会。

实验思考题

（1）如何利用消抖电路产生一个单脉冲时钟电路？

（2）非环形寄存器该如何设计？试设计一个 16 位左移寄存器，并分析左移和右移寄存器设计的区别。

实验 6　计数器与数码管显示

实验目的

（1）掌握任意模计数器的原理和 Verilog HDL 设计。

（2）掌握数码管动态扫描和二进制转换为 BCD 码的原理和 Verilog HDL 设计。

（3）熟悉组合逻辑与时序逻辑综合电路的设计方法。

实验仪器

（1）美国 Digilent 公司 Basys 3 系列 FPGA 开发板 1 套。

(2) 装有 Vivado 软件的计算机 1 台。

(3) USB 连接线 1 根。

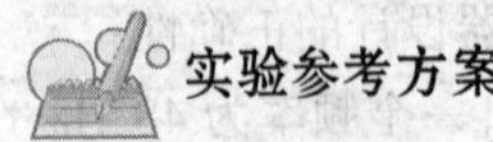

实验参考方案

1. 计数器设计规则

计数器在数字系统中的主要作用是记录脉冲的个数，以实现计数、定时、产生节拍脉冲和脉冲序列等功能。计数器设计是 FPGA 的核心，几乎所有的设计都要使用计数器，如统计接收了多少数据、发送了多少数据、判断脉冲宽度等。在 FPGA 设计中，所有有关时间的内容都要通过计数器来实现，计时的本质是对时钟周期的计数，即以时钟周期为基准时间，通过计数多少个时钟周期来确定时间。

在 Verilog HDL 设计中，计数器设计需要逐一考虑 3 个要素：初值、加 1 条件和结束值。“初值”即计数器的默认值或者开始计数的值。“加 1 条件”即计数器执行加 1 的条件。“结束值”即计数器计数周期的最后一个值。通常情况下，计数初值必须为 0。

以设计一个典型的 3 位计数器（8 分频器）Verilog 程序为例来解析计数器的设计。在该程序中，计数器的初值为 0，加 1 条件为每个系统时钟的上升沿，结束值为系统上升沿到来时，当前计数值为 7。整个计数过程从 0 开始，计数到 7 后，在下一个时钟上升沿回到初始值 0 继续计数。具体的程序如下：

```
module count3b(
  input wire clr,
  input wire clk,
  output reg [2:0] Q
);
always @ (posedge clk or posedge clr) begin
if (clr = =1) begin
  Q < =0;
end
else if(Q = = 8 - 1) begin
  Q < = 0;
end
else begin
  Q < =Q +1;
end
end
endmodule
```

2. 七段数码管显示 0000 ~ 9999 的计数方案

七段数码管显示 0000 ~ 9999 的计数方案电路结构图如图 4. 29 所示。该模块由 4 部分构成：10K 进制计数器模块（mod_10K_cnt）、时钟分配模块（clkdiv）、14 位二进制 - BCD 码转换器模块（bin_to_bcd）、七段显示数码管模块（x_7seg）。在该方案中，模为 10K 的计数器以 48 Hz 的频率进行累计计数，生成 14 位二进制码。二进制 - BCD 码转换器模块（bin_to_bcd）将得到的 14 位二进制码转换为 16 位 BCD 码。七段显示数码管模块（x_7seg）则将 BCD 码译码为 4 位数码管的驱动信号，实现 4 位数码管动态显示计数，计数范围为 0000～9999。

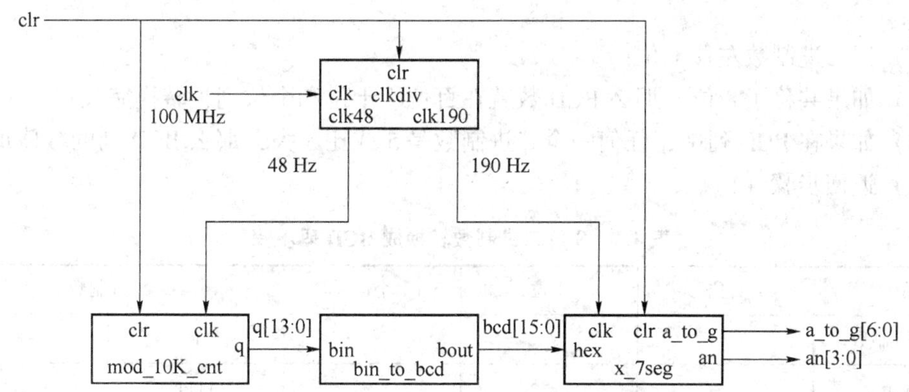

图 4.29　七段数码管显示 0000～9999 的计数方案电路结构图

时钟分配模块分别将板卡引脚 W5 的时钟频率 100 MHz 分频为 48Hz（为 10K 进制计数器提供时钟信号）和 190 Hz（为七段译码管同步显示提供时钟信号）。该模块的设计核心为分频计数器 Q。根据表 4.8 给出的不同频率的时钟分频器位数可知，分频为 48Hz 的时钟时，利用分频计数器的 Q[20] 实现；分频为 190 Hz 的时钟时，利用分频计数器的 Q[18] 实现。

表 4.8　时钟分频器

Q(i)	频率/Hz	周期/ms	Q(i)	频率/Hz	周期/ms
—	100 000 000. 00	0. 000 01	12	12 207. 03	0. 081 92
0	50 000 000. 00	0. 000 02	13	6 103. 52	0. 163 84
1	25 000 000. 00	0. 000 04	14	3 051. 76	0. 327 68
2	12 500 000. 00	0. 000 08	15	1 525. 88	0. 655 36
3	6 250 000. 00	0. 000 16	16	962. 94	1. 310 72
4	3 125 000. 00	0. 000 32	17	381. 47	2. 621 44
5	1 562 000. 00	0. 000 64	18	190. 73	5. 242 88
6	718 250. 00	0. 001 28	19	95. 37	10. 485 76
7	390 625. 00	0. 002 56	20	47. 68	20. 971 52
8	195 312. 50	0. 005 12	21	23. 84	41. 943 04
9	97 656. 25	0. 010 24	22	11. 92	83. 886 08
10	48 828. 13	0. 020 48	23	5. 96	167. 772 16
11	24 414. 06	0. 040 96	24	2. 98	355. 544 32

3. 二进制 - BCD 码转换器

以 8 位二进制 - BCD 码转换器为例，介绍移位加 3 算法。表 4.9 所示是将一个十六进制数0xFF转换为BCD码255的过程。表4.9最右边的2列是被转换为BCD码的两位十六进制数FF，将FF写成8位二进制数的形式（11111111）。从右边起，紧跟着二进制数列的3列为3个BCD数字，它们从左至右依次被称为百位、十位和个位。移位加3算法的步骤为：

（1）把二进制数左移1位；

（2）如果共移了8位，那么BCD数就在百位、十位和个位列，转换完成；

（3）如果在BCD列中，任何一个二进制数是5或比5大，那么BCD列的数值加3；

（4）返回步骤（1）。

表4.9　8位二进制数转换成BCD码步骤

操作	百位	十位	个位	二进制数	
十六进制数				F	F
开始				1111	1111
左移1			1	1111	111
左移2			11	1111	11
左移3			111	1111	1
加3			1010	1111	1
左移4		1	0101	1111	
加3		1	1000	1111	
左移5		11	0001	111	
左移6		110	0011	11	
加3		1001	0011	11	
左移7	1	0010	0111	1	
加3	1	0010	1010	1	
左移8	10	0101	0101		
BCD数	2	5	5		

8位二进制－BCD码转换器的Verilog程序如下：

```
module binbcd8(
input wire [7:0] b,
output reg [9:0] p,
);
reg [17:0] z;
integer i;
always @ ( * ) begin
  for(i =0;i < =17;i =i +1) begin
     z[i] =0;
```

```
end
z[10:3] = b;
repeat(5) begin
  if(z[11:8] >4) begin          //个位大于 4 加 3
     z[11:8] = z[11:8] +3;
    end
  if(z[15:12] >4) begin         //十位大于 4 加 3
     z[15:12] = z[15:12] +3;
  end
  z[17:1] = z[16:0]             //左移 1 位,共移 5 次
end
  p = z[17:8]                   //BCD
 endmodule
```

实验内容与要求

结合实验参考方案，设计一个模为 10K 的计数器（0000 ~ 9999），将该二进制的计数值转换为 BCD 码，最后将该 BCD 码在七段数码管上进行同时显示，要求：

（1）设计一个计数模块（分频器），用 100 MHz 生成所需的计数时钟（48 Hz）和数码管动态显示的扫描时钟（190 Hz）；

（2）设计一个计数模块，实现从 0000 ~ 9999 循环计数，计数时钟频率为 48 Hz；

（3）设计 14 位二进制数（0000 ~ 9999）转换为 8421BCD 码电路；

（4）在数码管上显示 0000 ~ 9999 的计数过程，数码管同时显示的扫描时钟频率为 190 Hz；

（5）给出整个项目的仿真结果，并生成比特流下载到电路板验证功能。

实验报告要求

实验报告中需包含以下内容。

（1）实验前的准备：七段译码器设计，七段数码管同时显示多位数据，数据选择器和任意模计数器设计，任意位二进制数转换为 BCD 码算法。

（2）本实验设计流程中所涉及的分频器、计数器、二进制 - BCD 码转换器、七段数码管同步显示的源代码及注释说明。

（3）设置测试输入信号后进行仿真，给出仿真波形和仿真结果并加以简要分析说明。

（4）给出顶层文件和约束文件，并给出 Basys 3 板卡验证成果照片。

（5）实验心得体会。

实验思考题

（1）思考综合设计时序逻辑电路和组合逻辑电路时需要注意的事项。

（2）为什么要将系统时钟分频为 190 Hz 和 48 Hz?

实验7　状态机实验-序列信号检测

实验目的

（1）熟悉并掌握 Moore 状态机和 Mealy 状态机的原理。

（2）掌握利用状态机完成序列信号“1101”的检测。

（3）熟悉基于状态机的设计方法。

实验仪器

（1）美国 Digilent 公司 Basys 3 系列 FPGA 开发板 1 套。

（2）装有 Vivado 软件的计算机 1 台。

（3）USB 连接线 1 根。

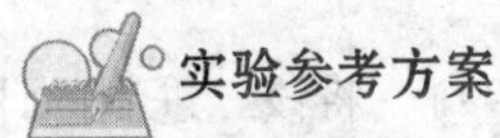

实验参考方案

1. 序列检测器

序列检测器可用于检测一组或多组由二进制码组成的脉冲序列信号。当序列检测器连续收到一组串行二进制码后，如果这组码与检测器中预先设置的码相同，则输出 1，否则输出 0。由于这种检测的关键在于正确码的接收必须是连续的，这就要求检测器必须记住前一次的正确码及正确序列，直到在连续的检测中所收到的每一位码都与预置数的对应码相同。在检测过程中，任何一位不相等都将导致回到初始状态重新开始检测。用有限状态机来实现序列检测器是非常合适的。

有限状态机简称状态机，是表示有限多个状态及在这些状态之间转移和动作的数学模型。这些转移和动作依赖于当前的状态和外部的输入。和普通的时序电路不同，有限状态机的状态转换不会表现出简单、重复的模式。它下一步的状态逻辑通常是重新建立的，有时候称它为随机逻辑。状态机主要分为 Moore 状态机和 Mealy 状态机。

2. Moore 状态机实现序列检测器

Moore 状态机的输出只和当前状态有关而与输入无关，其结构图如图 4.30 所示。Moore 状态机由 3 部分组成。①组合逻辑 C1。该部分的输入为当前输入与状态机的现态，完成的功能是产生状态机的次态。②状态寄存器。该部分的功能是在时钟上升沿，将次态的值赋给现态，实现状态在每个时钟上升沿时的切换。③组合逻辑 C2。该部分的输入只与现态有关，实现的功能是产生输出信号。

以序列检测器检测“1101”为例介绍 Moore 状态机的设计方法。图 4.31 为采用 Moore 状态机检测序列“1101”的状态转换图。初始状态为 S_0，当接收到第 1 个输入信号“1”时，进入状态 S_1，否则状态停留在 S_0。在状态 S_1，当接收到第 2 个输入信号“1”时，进入状态 S_2，否则状态回到初始状态 S_0，重新开始接收信号序列。在状态 S_2，当接收到第 3 个输入信号“0”时，进入状态 S_3，否则停留在状态 S_2。在状态 S_3，当接收到第

4 个输入信号“1”时，进入状态 S_4，否则回到状态 S_0，等待接收下一个信号序列。在状态 S_4，序列检测器检测到输入序列“1101”，组合逻辑 C2 模块输出为 1。此时，如果接收到输入信号“1”，则回到状态 S_2，否则回到初始状态 S_0。

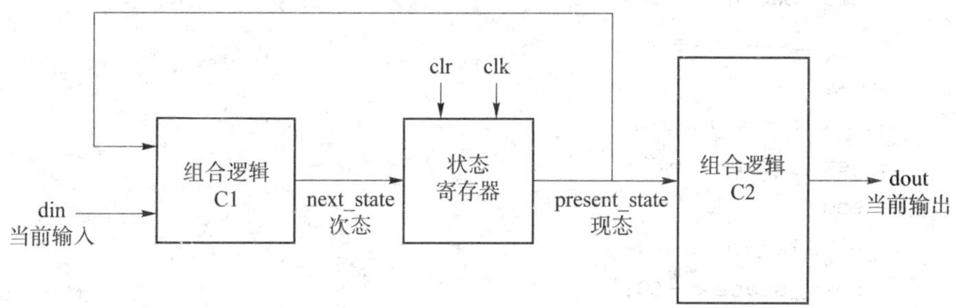

图 4.30 Moore 状态机结构图

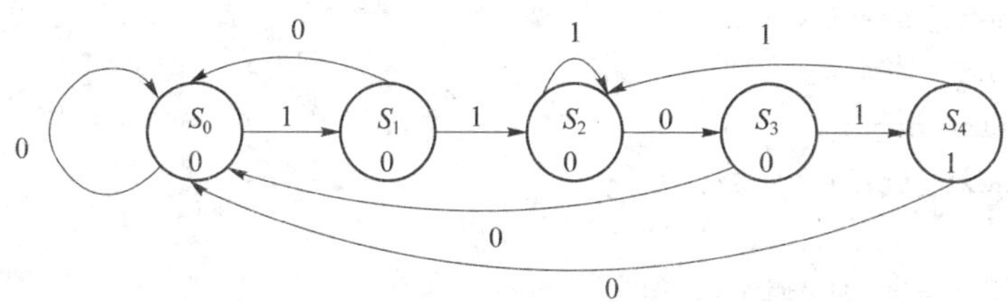

图 4.31 采用 Moore 状态机检测序列“1101”的状态转换图

利用 Moore 状态机设计“1101”序列检测器的 Verilog 程序如下：

```
module seqdete(
  input wire clk,
  input wire clr,
  input wire din,
  output reg dout
);
  reg [2:0] present_state,next_state;
  parameter S0 =3'b000,S1 =3'b001,S2 =3'b010,S3 =3'b011,S4 =3'b100;//状态
  //状态寄存器
  always @ (posedge clk or posedge clr) begin
    if(clr = =1) begin
      present_state < =S0;
    end
    else begin
      present_state < =next_state;
  end
  //序列检测模块(组合逻辑 C1)
  always @ ( * ) begin
    case(present_state)
```

```
        S0:if(din = =1)begin
            next_state < = S1;
            end
            else begin
            next_state < = S0;
          end
        S1:if(din = =1)begin
            next_state < = S2;
            end
            else begin
            next_state < = S0;
          end
      S2:if(din = =0)begin
            next_state < = S3;
            end
            else begin
            next_state < = S2;
        end
      S3:if(din = =1)begin
            next_state < = S4;
            end
            else begin
            next_state < = S0;
        end
      S4:if(din = =0)begin
            next_state < = S0;
            end
            else begin
            next_state < = S2;
        end
      default:next_state < = S0;
    endcase
  end
  //输出模块(组合逻辑 C2)
  always @ (*) begin
    if(present_state = = S4) begin
      dout =1;
      end
    else begin
      dout =0;
    end
  endmodule
```

在该段程序中，首先用 parameter 语句定义了 5 个状态：S_0，S_1，S_2，S_3，S_4，这 5 个状态将作为状态寄存器的输出。在组合逻辑 C1 中的 always 块使用 case 语句实现了状态的转移。组合逻辑 C2 中的 always 块则根据当前状态判断输出结果，最终完成序列检测。

3. Mealy 状态机实现序列检测器

Mealy 状态机的输出不仅和当前状态有关，而且和输入也有关，其结构图如图 4.32 所示。

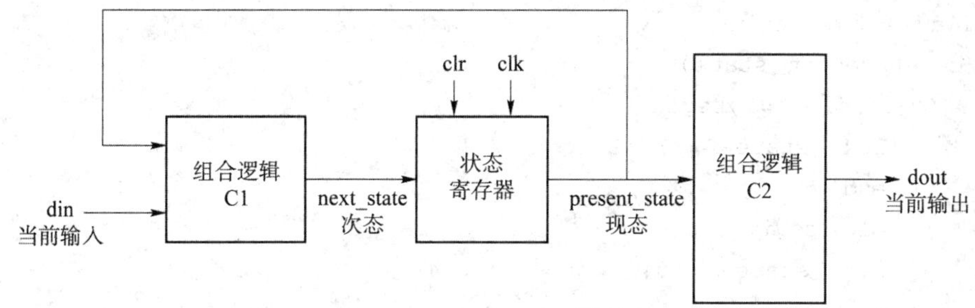

图 4.32　Mealy 状态机结构图

采用 Mealy 状态机设计“1101”序列检测器的状态转换图如图 4.33 所示。当状态为 S_3（程序检测到序列“110”）且输入为 1 时，在下一个时钟上升沿，状态将变为 S_1，输出变为 0。也就是说，输出不会一直被锁存为 1，如果希望状态将变为 S_1 时输出值被锁存，则可以为输出添加一个触发器。这样，当状态机处于状态 S_3 且输入变为 1 时，状态机输出将为 1，在下一个时钟上升沿到来时，状态转移到 S_1，输出值保持不变。

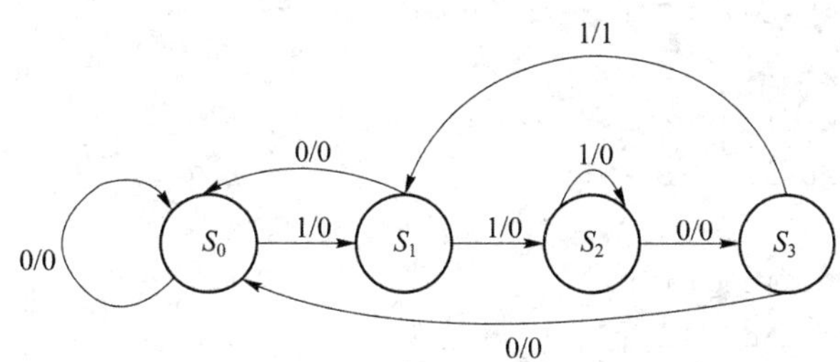

图 4.33　采用 Mealy 状态机设计“1101”序列检测器的状态转换图

采用 Mealy 状态机设计“1101”序列检测器的 Verilog 程序为：

```
module seqdete(
  input wire clk,
  input wire clr,
  input wire din,
  output reg dout
);
  reg [1:0] present_state,next_state;
  parameter S0 =3'b00,S1 =3'b01,S2 =3'b10,S3 =3'b11;//四个状态
  //状态寄存器
  always @ (posedge clk or posedge clr) begin
    if(clr = =1) begin
```

```
      present_state <= S0;
    end
    else begin
      present_state <= next_state;
  end
  //序列检测模块(组合逻辑 C1)
  always @ (*) begin
    case(present_state)
      S0:if(din==1)begin
          next_state <= S1;
          end
          else begin
          next_state <= S0;
        end
      S1:if(din==1)begin
          next_state <= S2;
          end
          else begin
          next_state <= S0;
        end
     S2:if(din==0)begin
          next_state <= S3;
          end
          else begin
          next_state <= S2;
       end
     S3:if(din==1)begin
          next_state <= S1;
          end
          else begin
          next_state <= S0;
       end
     S4:if(din==0)begin
          next_state <= S0;
          end
          else begin
          next_state <= S2;
       end
     default:next_state <= S0;
   endcase
 end
 //输出模块(组合逻辑 C2)
 always @ (posedge clk or posedge clr) begin//添加一个触发器锁存 S3 状态
```

```
    if(clr = =1) begin
      dout < =0;
    end
    else if((present_state = = S3)&&(din = =1))begin
      dout < =1;
    end
    else begin
      dout < =0;
    end
endmodule
```

实验内容与要求

结合实验参考方案，设计一个序列检测器检测“1101”。其中，前一个“1101”的最后一个“1”可以作为后一个“1101”的开始，即序列允许重叠。要求：

（1）分别用 Moore 状态机和 Mealy 状态机实现上述逻辑电路，并编辑仿真文件，给出仿真图并分析仿真结果（仅针对状态机）；

（2）利用 BTNL 按键作为输入“1”，BTNU 按键作为输入“0”，当检测到“1101”序列时，点亮 ld0 指示灯；

（3）考虑按键的消抖，编写顶层文件和约束文件，下载到 Basys 3 板卡进行验证。

实验报告要求

实验报告中需包含以下内容。

（1）本实验设计流程中所涉及的 Moore 状态机和 Mealy 状态机序列检测器的源代码及注释说明。

（2）设置测试输入信号后进行仿真，给出仿真波形和仿真结果并加以简要分析说明。

（3）给出顶层文件和约束文件，并给出 Basys 3 板卡验证成果照片。

（4）实验心得体会。

实验思考题

（1）总结 Moore 状态机和 Mealy 状态机的特点及其设计流程。

（2）如果由七段数码管显示序列检测结果，该如何改进程序？

实验 8　数字钟设计

实验目的

（1）掌握利用计数器、寄存器、七段译码管综合设计数字钟的 Verilog HDL 方法。

（2）进一步熟悉数字逻辑综合电路的设计方法。

实验仪器

（1）美国 Digilent 公司 Basys 3 系列 FPGA 开发板 1 套。

（2）装有 Vivado 软件的计算机 1 台。

（3）USB 连接线 1 根。

实验参考方案

1. 数字钟基本原理

数字钟是一个将“时”“分”“秒”显示于人的视觉器官的计时装置。它的计时周期为 24 小时，显示满刻度为 23 时 59 分 59 秒，此外还应有校时功能和报时功能。因此，一个基本的数字钟电路主要由秒信号发生器、“时”／“分”／“秒”计数器、译码器、显示器、校时电路、整点报时电路组成。秒信号发生器是整个系统的时基信号，它直接决定计时系统的精度，一般用石英晶体振荡器加分频器来实现。将标准秒信号送入“秒”计数器，“秒”计数器采用 60 进制计数器，每累计 60 秒发出一个分脉冲信号，该信号作为“分”计数器的时钟脉冲。“分”计数器也采用 60 进制计数器，每累计 60 分钟，发出一个时脉冲信号，该信号被送到“时”计数器。“时”计数器采用 24 进制计数器，可实现对一天 24 小时的累计。译码显示电路将“时”“分”“秒”计数器的输出状态经七段显示译码器译码，通过 6 位 LED 七段显示器显示出来。

2. 数字钟架构方案

数字钟架构图如图 4. 34 所示。由于板卡的数码管只有 4 位，因此数字钟只需要实现计分和计秒的功能即可。数字钟分为 1Hz 时钟模块、分计数模块、秒计数模块、二进制转 BCD 码模块、七段译码器显示模块。要实现秒计数，需要设计一个 60 进制的秒计数器。要实现分计数，需要设计一个 60 进制的分计数器。

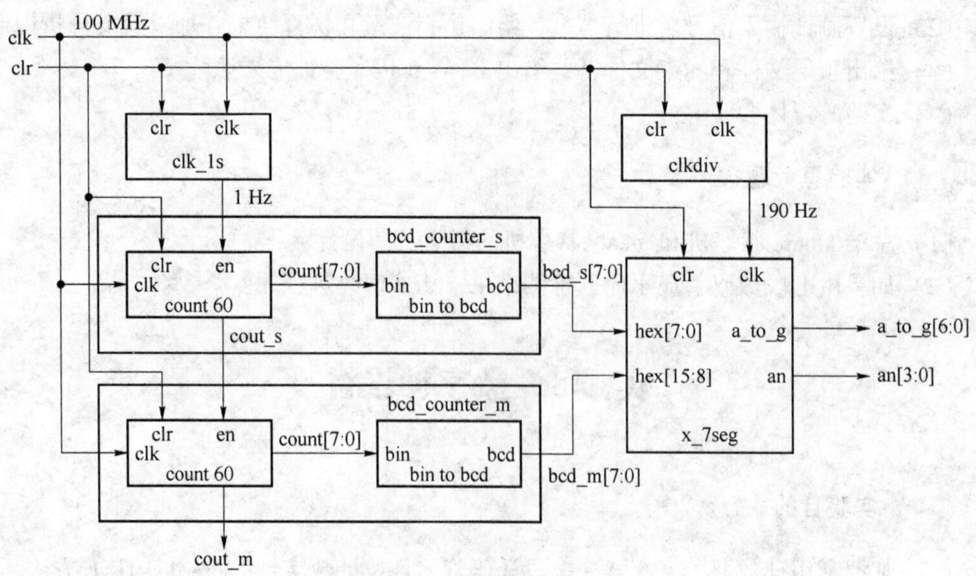

图 4. 34　数字钟架构图

3. 1Hz 时钟模块

板卡的系统时钟信号为 100 MHz，因此设定常数 *N* 为 99 999 999。当处于系统时钟 clk 的上升沿时，count 开始计数。当计数到 99 999 999 时，clk_1s 为 1，然后 count 清零，下一个系统时钟后，clk_1s 也清零。其代码为：

```
module clk_1s #(parameter N = 99_999999)(
  input wire clk,
  input wire reset,
  ouput reg clk_1s
);
  reg [31:0]count;
always @ (posedge clk,posedge reset) begin
  if(reset) begin
  count < =0;
  end
  else begin
     clk_1s < =0;
     if(count <N) begin
        count < =count +1;
     end
     else begin
        count < =0;
        clk_1s < =1;
     end
   end
end
endmodule
```

4. 计数模块

分与秒计数模块均为 60 进制的计数器，因此设定常数 count_max 为 60。在系统时钟 cin 的上升沿时，count 开始计数。当计数到 59 时，cout 为 1，然后 count 清零，下一个系统时钟后，cout 也清零。其代码为：

```
module counter #(parameter count_max = 60)(
 input wire clk, rest,
 input wire cin,
 output reg [7:0] count,
 output reg cout);
 always @ (posedge clk or posedge reset) begin
   if(reset) begin
      count < =0;
   end
   else begin
```

```
        cout < =0;
        if(cin) begin
            if(count < count_max -1) begin
                count < =count +1;
            end
            else begin
                count < =0;
                cout < =1
            end
        end
endmodule
```

8 位二进制转 BCD 码转换器和 4 位 7 端数码管的设计方案与第 4 章实验中的设计方案相类似，在此不再赘述。

实验内容与要求

结合实验参考方案，设计一个同步时序的数字钟，要求：

（1）设计 60 Hz 计数时钟和 190 Hz 的数码管刷新时钟电路，该电路具有异步复位功能；

（2）设计模为 60 的计数器，要求具有异步复位、计数使能和进位输出信号功能；

（3）撰写仿真输入文件，给出仿真结果；

（4）设计数码管译码显示电路和二进制转 BCD 码转换电路；

（5）设计顶层文件和约束文件，生成比特流文件下载到 Basys 3，并验证电路功能。

实验报告要求

实验报告需包含以下内容。

（1）数字钟设计流程中所涉及的所有模块的源代码及注释说明。

（2）设置测试输入信号并进行仿真，给出仿真波形和仿真结果并加以简要分析说明。

（3）给出顶层文件和约束文件，并给出 Basys 3 板卡验证成果照片。

（4）实验心得体会。

实验思考题

（1）总结数字逻辑综合电路的设计经验。

（2）利用同样的设计思路，尝试设计一个数字频率计。

参 考 文 献

[1] 赵权科，韩延义，秦晓梅，等．“数字电路实验”课程新型实验教学模式改革与探索［J］．工业和信息化教育，2019（10）．

[2] 侯传教．数字逻辑电路实验［M］．北京：电子工业出版社，2009．

[3] HAYES T C，HOROWITZ P．电子学课程指导与实验［M］．北京：清华大学出版社，2003．

[4] 刘一清．数字逻辑电路实验与能力训练［M］．北京：科学出版社，2011．

[5] 杨永健．数字电路与逻辑设计［M］．北京：人民邮电出版社，2015．

[6] 廉玉欣，侯博雅，王猛，等．基于 Xilinx Vivado 的数字逻辑实验教程［M］．北京：电子工业出版社，2016．

[7] 汤勇明，张圣清，陆佳华，等．搭建你的数字积木：数字电路与逻辑设计［M］．北京：清华大学出版社，2017．

[8] 王冠华，卢庆龄．Multisim 12 电路设计及应用［M］．北京：国防工业出版社，2014．